自己過得好

孩子才更幸福

樂律

新時代媽媽的育兒法則

拒絕傳統束縛，逃離刻板印象！

別把對孩子的母愛變成自己的阻礙

育兒是場長跑

跳脫完美媽媽的束縛，富養自己

才能有力量持續前行，為妳與孩子帶來真正的豐盈

目錄

第一章
真正的「富」養是什麼？

有些人生經歷，是生完孩子之後才開始的。為何這樣說呢？

大多是因為，生了孩子後才會體會到這個世界上還有如此多的煩惱和困難。

一個不生孩子的女性，是不需要學習大量的兒科醫藥知識的，大概也不需要刻意去充實那些小學文化知識，一覺睡到天亮的作息除非到了更年期，不然也不會被打斷。

在我沒生孩子之前，我也不知道一個人想要平安長大需要通過那麼多關卡，簡直是障礙重重、防不勝防。

在媽媽肚子裡的時間大概是人的一生中最安全的一個階段了，即便如此，也有不少孕婦因為指標不達標去做了羊水穿刺或者無創 DNA 檢測。聽我的好友講過，檢測過程倒是沒有多痛，但等待結果的過程十分煎熬。

大概就是從孕期一次又一次的產檢中，媽媽們養成了在網路和書本上瘋狂查資料的習慣，如果將攝取的這些知識寫一本書的話，恐怕 10 萬字都不止。

在生孩子之前，我可以說是個非常熱血、勇敢、天不怕地不怕的「哪吒」。

背包客算什麼，連去西藏也是獨自一個人說走就走。

遇到小偷算什麼，勇猛到可以反手抓住對方，讓他把手機還給我。

去劍湖山坐笑傲飛鷹算什麼，高空彈跳、跳傘、潛水我也都是說跳就跳，才不管下面是陸地還是海洋。

父母不同意算什麼，和朋友一起創業，照樣將婚紗店好好地開了起來，寫的小說也順利擺在了書店的書架上。

可自從生完孩子，我的膽子就瞬間小成了一粒芝麻，我開始怕死，開始怕廣闊天地裡的未知，開始怕哪怕 0.1%的意外。

我成了一個膽小鬼。

很多媽媽都是這樣的：過了一次鬼門關，得了一個小寶貝，在這個世界上有了深深的依戀，以前什麼都不怕，現在卻開始害怕，怕病、怕死、怕痛苦、怕不測。

滿腦子想的都是：所有的不測都可以讓我扛，萬萬不要降臨在孩子身上。

就是這些憂愁、擔心與愛意，使一位原本自由自在的女性被圍困住，不再灑脫。而我們的社會和輿論，還經常向媽媽們提出各式各樣的要求，其中最流行的一個育兒「標準」就是：孩子要富養。

很多媽媽不管自己吃什麼、喝什麼、穿什麼，都要努力給孩子最好的。哪怕自己睡眠不足，育兒課程也一定會硬著頭皮學完。

滿臉焦灼，長期睡眠不足導致臉色憔悴，沒有時間打理自己的衣著，過度勞累引發急躁情緒，我在很多啟蒙班、嬰幼兒游泳班、補習班的門口都見過這樣的媽媽。

而一旁的孩子，吃得好、穿得好、玩得好，脾氣倒是不怎麼好，配合度不高、溝通力不強，自顧自地要這個要那個，似乎任性地享受世界是天經地義的。

我不由得思考：這樣富養出來的孩子，真的好嗎？

有人會說，這是物質富養，如果精神也能富養起來，孩子必然會好得多。若是再問下去：什麼是精神富養？

大概會得到一些類似於「讀萬卷書行萬里路」、「德智體群美全面發展」、「看過世界才算長了見識」等回答。

先不說這種要求是不是能達成，就算是能做到，本質上還是為了孩子在「壓榨」家長。

本末倒置

對這樣的方式，我是存疑的。

孩子半歲的時候，我想為他保一份醫療險，也許是為了減輕我的焦慮，也許是看到身邊很多媽媽都這麼做了，反正當時我的心情就是很迫切、非要買不可。

好在我有很多來自五湖四海的朋友，她們推薦了幾位保險業務員給我，讓我分別去諮詢。

其中一位業務員說的話讓我十分意外，當她知道我並沒有購買任何保險給自己的時候，她問：「你是不是很擔心孩子生病？你的心情我很理解，但你有沒有想過，孩子最需要的其實是你。」

我愣了一下，想了想，覺得沒有很理解：「所以我想買一份保險給他啊。」

她笑起來：「不管怎麼樣，都會有父母為孩子遮風擋雨，但如果父母不在了，或者有損傷，保護傘不就沒有了嗎？這時候是修屋子更重要，還是讓孩子不要淋雨更重要？」

那一秒，我突然意識到：只有我活著、健康、愉快，孩子才能更好地享有這一切，原來，我才是孩子的最佳「保險」。

那天晚上，我終於在自己懷孕生子之後，從媽媽這個身分裡跳了出來，從全域性視角審視並向自己發問：「一個家庭當中，孩子在什麼位置？父母是什麼角色？三者是什麼關係？由此得出家庭的資金流向是如何配置的，優先順序是什麼？如果想要達到最優狀態，媽媽是否應該為了孩子傾盡一切？」

如果用四象限法則來判斷是否需要買保險，那麼買給家長才是更緊要的，因為家長是家庭的棟梁。而買給孩子，不緊急的，完全可以往後推一段時間。

那些花費了我大量時間和精力的購置任務，有些是不那麼緊要的，由於我的經驗不足，誤判了它們。

如果說養育孩子是造房子，那麼父母就是孩子的地基，地基決定了房子的高矮、構造、美感、功能。養育孩子要把大量的精力、金錢放在地基上，一旦地基出了問題，就是大問題。

而那些很重要卻不緊急的打地基的事情，往往被埋在底下，很久都沒有被想起來。那些關於我自己的規劃和安排，全被育兒工作打亂了，那天晚上，我在書架前看了很久的書，但內心特別平靜。

這是在生完孩子半年之後，第一次，我不再透過與孩子的連線來感受世界，而是回歸到了我自己。

什麼叫「富」養

很多媽媽都跟我講過，生孩子之前從來沒想過自己是怎麼長大的，生完孩子之後，有趣的事情發生了，媽媽們會反覆回想自己的童年，並且一直思索：「到底如何才能把自己的小寶貝養得更好？」

也許是我們「七年級生」小時候的生活並不富裕，有許多東西都買不起，沒見過的東西也很多，回頭一望，滿坑滿谷的遺憾。於是，「富養」這個詞彙悄悄替代了「撫養」，擊中了媽媽們的痛點。

有一種，自己小時候吃過的虧不能再讓自己的孩子吃的心態。「富養」這個概念，最初也不知道是誰提出來的，要是去網路上搜尋，這個概念出現得很早，在 2012 年，就有作者寫了一本書，講述他富養女兒的經驗。從物質上到情感上，全方位解讀了富養的標準。

倒不是說這個概念不好，至少它讓很多父母把育兒的標準提高到了注重孩子的內涵上，比我小時候動不動就被粗暴地打一頓要強不少。

很多育兒書、粉絲專頁、自媒體，天天都在發「如何富養你的孩子」的內容，一開始強調女兒要富養，現在是兒女皆需富養，不僅要給足物質享受，情感上也要連線得完美無缺，不僅要兢兢業業陪伴孩子的幼年，即使孩子長大了也不能在任何一個關鍵時刻缺席。

不知道別人的情況如何，我還沒開始養孩子，就已經焦慮上了，摸了摸自己包裡的錢 —— 自己明明還沒富起來，又摸了摸自己的心臟 —— 我也沒有強大到無敵，於是立刻在養孩子的路上打了退堂鼓。

現在才頓悟：這不就是典型的「蛋糕還沒做大就思索著怎麼分蛋糕了」嗎！

據我觀察，人類總是有這樣的本性，那就是一旦付出得太多，超過了自己的承受範圍，就開始心理失衡，對這種付出所能產生的效果有了不符合常理的期待，隨即有了很多失控的行為，簡稱：心態崩了。最終適得其反。

為了避免自己這樣，我總是提醒自己對孩子的愛不能太「過」，不然，人痴狂起來，既不長久，也有些嚇人。

基於這樣的顧慮，我總是在思考到底什麼叫「富」養？

一篇文章中提出家長有五個層次：

第一層次：捨得為孩子花錢。

第二層次：捨得為孩子花時間。

第三層次：家長開始思考教育的目標問題。

第四層次：家長為了教育孩子而提升和完善自己。

第五層次：父母盡己所能支持鼓勵孩子成為最好的自己，也以身作則支持孩子成為真正的自己。

當我看到這五個層次，作為一個不到六歲孩子的媽媽，我這樣反思：自己能否拾級而上，達到第五層？

答案是：我既贊同這樣的「富」養標準，也願意盡我所能。

也許，真正的「富」養就是這樣，能夠站在這個山頭說這樣的話，並且與孩子一起，同時做好往更高處的準備。

第二章
最應該被富養的人是誰？

曾經有個新手媽媽向我諮詢讓嬰兒吃益生菌的問題，聽到我花了一千兩百多元購入，她回覆說：「有點貴，但花在孩子上還可以接受，要是在我身上花這個錢，我肯定捨不得。」

那一刻，我想很多媽媽都是這樣想的。

可以為孩子花一萬多報美術課，幾千元的鞋子、幾百塊錢一袋的進口有機零食，買起來眼睛都不眨，可在自己身上，卻左右捨不得，思前想後最終還是算了。

我不由得想起我的媽媽，她可以說是個「奇葩」媽媽了。

一九九〇年代初，人們普遍不太富裕，一般人的月收入也就幾千元。雖然我的媽媽並不是亂花錢的人，但如果她非常喜歡什麼，條件許可之下，她是一定要買的，而且我爸爸也不會反對（他也蠻喜歡漂亮的東西）。

真是買一件，高興一年！

我一直都記得，春秋時節，我的媽媽穿著一件奶油粉色的羊絨毛衣，袖口和領口有黑色包邊，毛衣前襟兩側還有些許精巧的手工織花，整個人顯得溫柔又優雅。現在回憶起來，完全就是香奈兒風格。

她領著我走在大街上，周圍都是衣著樸素的別人家的媽媽，而我恨不得跟每個遇到的小朋友自豪地介紹：這是我媽媽！

就等著對方「哇哦」一聲，露出羨慕的神情。

我也受到了這樣的影響，雖然經歷了青少年時期天天穿校服的禁錮，但到了初高中時已經能夠興致勃勃地自己搭配服裝。到了大學時，審美的重要性逐漸顯露出來，在大學校園裡，我既不害怕展示自己，也不太會被消費欲衝昏頭腦，胡亂買一通。

像我媽媽這樣「奇葩」的媽媽，自然是從三十歲美美地活到六十歲，她開心，我們也開心。

現在的人無法理解那個年代所提倡的東西，我的媽媽當時受到了很多這樣那樣的閒言碎語，「不夠樸實」、「不夠艱苦奮鬥」、「怎麼這樣花枝招展」、「當媽媽的，哪裡有這樣只顧著自己的」……只是因為她愛美。

也許她並沒有用語言表達出來，但她用實際行動教會了我最重要的：自己，是值得被好好對待的！

在成年步入社會之後，我發現，大到就業結婚，小到穿衣吃飯，不管你做什麼，都會有很多人試圖評價、影響、改變你。所以，當這個世界對你提出各式各樣的要求時，你需要很明確、很清晰地去辨別這些要求本身的科學性和可操作性。

如果無法辨別，就會被某些邏輯混亂的要求弄得頭昏腦脹，每日疲於應付，也會不知聽從哪方面的要求更好。

被「完美富養要求」所矇蔽

剛剛生完孩子的媽媽最容易被這樣的育兒要求洗腦：

要全方位給寶寶最好的！富養孩子，不僅要在物質上富養，還要在精神上、感情上全方位富養！

新生兒時期，媽媽的許多精力被用於篩選各種日常用品。光是為孩子添置食衣住行的物品，就足夠一個媽媽徹夜費盡心思，更何況還有些資訊看起來太複雜，需要媽媽費心研究才能消化。

養孩子的第一年，開銷很大，養孩子的第十年，開銷依舊很大。不論賺了多少錢，這些開銷依然穩如磐石一般立在家庭的支出項目裡。

一方面是購物避雷的困難，一方面是經濟上的壓力，無法做到「什麼也不想了，就挑最貴的」。

所以，光是買東西這一項，就足夠費心。

前陣子我看了自己「雙十一」的囤貨紀錄，至少有三年的「雙十一」，都是大量囤了尿布、童裝、玩具、兒童日用品等等。想來家家戶戶的媽媽們恐怕與我一樣，都是全年無休地承擔起了採購工作。

即便如此，我卻很清楚，我還沒有做到所謂「物質上富養孩子」這樣完美的要求。再加上隨處可見的令人緊張且驚悚的標題：「做好這幾點才是真正的好媽媽！」、「千萬不能忽視孩子的這幾個方面！」、「小問題釀成大錯，媽媽必讀！」、「做到這些才能培養真正的好孩子」……

孩子還沒長大，大人先被這些標題嚇到了，我身邊也真有不少媽媽被這樣的「精神上富養孩子」的要求所壓垮。

天天思索該怎麼對孩子好、怎麼能給孩子最好的，既想為孩子花時間，又想為孩子花錢，內心焦慮至極的同時也忘了想到這些極致的要求是非常不科學，也不現實的。再加上體內激素的劇烈變化，愛子心切的媽媽們根本無法冷靜下來想想自己為何在無形中被操控著。只能不停地買買買、讀讀讀，海量的資訊化為巨大的焦慮，把媽媽們逼得進退維谷。精神壓力這麼大，可想而知，沒什麼精力再去關注其他事物了。

前半年魔咒

一般來說，一個人對一件事的判斷來自自身的經驗。

但養小孩這件事，家家戶戶差異巨大，運氣好的人養了懂事聽話的孩子，運氣稍欠的人，如我，生了一個高需求寶寶。

我想在情感上富養孩子，可體力不容許，經常累得要命，這該怎麼辦呢？

我的閨密們提出的那些解決方案，沒一個有用的。因為她們都沒有辦法想像，居然有孩子從出生開始總是需要被抱著，而且他這個需求十分明確，只要媽媽抱著就萬事大吉，躺著吃奶都不行，只要被抱著，哪怕餓肚子也高興。

我的寶寶「禮物」滿月後，月嫂走了，由我獨自帶小孩。

禮物經過出了月子的快速生長期後，由吃了睡睡了吃陡然變為一睜眼就要抱的狀態，於是，我本著親密育兒的原則，每天像袋鼠媽媽一樣，在所有他醒著的時間裡抱著他，有些媽媽戲稱為「掛餵」。

我抱著他刷牙洗臉，抱著他吃飯，抱著他晾衣服，抱著他整理家務，抱著他煮飯。這孩子不愛玩玩具，更喜歡與人互動，玩什麼玩具也撐不過十分鐘，只要有人逗他玩，能樂得笑出聲。

而晚上，他從月子裡一晚上餵三次，突然變成了兩個小時一吃。哄睡也變得十分艱難，從傍晚開始就哼哼唧唧，一直到洗完澡，再大哭一場。我必須豎抱著他不停地走來走去，後來改為坐瑜伽球顛簸，直到一個小時之後禮物才能安然睡著。有時候，甚至是兩個小時才能入睡。

更可怕的是，那個時候，家裡只有我一個人整天整夜地育兒，地主家騾子的工作量可能都比我少。

聽者無奈，連我親媽都是嘴角一撇，歸結為：這孩子就是你慣的！

此時此刻我不跳腳誰跳腳，難不成是我想讓自己抱孩子抱成腱鞘炎？這還不都是被逼的！

只可惜媽媽們在育兒的前半年，大多數對話都是這樣，哪怕是新手媽媽們之間，也經常雞同鴨講，你不懂我，我也不懂你。

爸爸們就更別提了，十句話出口，有九句都是廢話，剩下那一句不把火藥桶點燃就算他求生欲還不錯。

總體而言，每個家庭和寶寶的個體情況存在差異，導致育兒過程中瞎指揮的居多，真幫得上忙的極少，絕大多數的育兒任務都落在了媽媽身上。而且幼兒階段的孩子對媽媽的依賴度普遍很高，越親密就越離不開，越離不開就越是捆綁。

此時，媽媽與孩子的強連線關係，被其他家庭成員和社會輿論所「利用」，將養育的要求一條一條精準地向媽媽們發射過去，躲都躲不開。萬一有一個躲開了，社會輿論還得埋怨這位媽媽是個自我自私的壞媽媽，一點也不願為了孩子做出犧牲。

這一切回顧起來總是有些眼熟，一直到前陣子我才頓悟：

這種「完美富養要求」和公司裡的上司畫餅給我，到了年末雙手一攤頒發給我一張「最佳貢獻員工」獎狀有什麼不同？

都是空口白牙！

連小孩子都更喜歡給他糖吃的人，可見，對人好是要實實在在拿出好處來的，為什麼其他人都這麼熱衷於向媽媽們提無理的超高要求，一個勁瞎指揮、一言不合就扣帽子？

因為他們什麼也不做，經驗值為零，更無法判斷具體情況，他們把在網路上蒐集到的資訊說出來，參考價值非常值得懷疑。

更有甚者，以惡劣資方的心態，只有壓榨剩餘勞動力，才能使得勞動者無暇顧及更高的需求。

作為一個媽媽，我也曾一頭栽入過這個「前半年魔咒」中無法自拔，等回過神來，才發現已經把自己逼進了退無可退的境地。

有沒有富養孩子我不知道，窮養了自己倒是真的。

在英國的電影和脫口秀節目裡經常能看到這樣一些場景：中年「老父親」拍著青春期兒女的肩膀教導他們，說出充滿智慧的一句「Happy wife, Happy life」。

老婆高興，人生才幸福。哇，現在讓我這個經歷了生育的老母親來看，應該改為「Happy mother, Happy life」才對。

這才是一條超越了種族和文化的真理！

為人母者，是整個家庭生活的中心，幾乎所有媽媽都負責著一個家庭裡複雜瑣碎的事務。

今天家裡做飯的人不高興，誰也吃不到一頓好飯，這是再簡單不過的道理。

既然家庭成員都享受著這位女性的付出，那麼尊重這位女性也是家庭成員們應該做的事情。

可是，在本章一開始描述的那一連串行為之下，似乎看不到他人對媽媽們的尊重，反而更像是一場社會默許的大型PUA。

在這個圈套裡，媽媽努力把一切好的都獻給了孩子，可唯獨忘了，作為母親的自己要是過得不好，是無法好好養育孩子長大的。連大自然裡，也是強壯彪悍的動物媽媽更能養育出具備同樣頑強生命力的動物寶寶。

育兒是場持久戰，要是早早掏空了自己，往後的數十年可怎麼辦？這些道理，好像從未有人講給媽媽們聽，人們總是巴不得她們焦慮、奉獻、擔憂，好像這樣就更容易控制她們。

另外，過分把關注點放在孩子身上，家庭關係大機率也會變得奇怪，好也是因為孩子，壞也是因為孩子，大人處理不來的事情到最後都成了讓孩子背的鍋。孩子本應該是愛情與信任的結晶，可這樣一頓操作下來，愛與信任都沒了，只剩下怨念。這樣的孩子既不尊重他人，也不會心存感恩，甚至會在怨恨中看不清自己腳下的路。

富養孩子的前提，是富養媽媽。

第三章
女性是生命奇蹟的創造者

整個社會都在讚頌母愛的偉大，但這其中的快樂與痛苦，自己當母親之前根本不能真正理解，其中讓我感到困惑的是：

為什麼所有輿論中的女性都只選擇討論快樂，而對痛苦避而不談呢？避談痛苦是害怕許多女性會選擇不生不育嗎？

哈，那你們可太低估了女性這種生物的堅韌與勇敢。

那麼先讓我們看看，成為媽媽會遇到什麼困難。弄明白這一步，至少能為如何「富養」自己做好準備。

身體告訴你

我透過網路形式採訪了 100 位寶媽，她們對我提出的問題進行了回覆，我將她們的回覆整理成以下內容，文中數據來自這 100 位寶媽，以及能查到的醫學數據。

1. 妊娠紋

60%的女性會在孕期產生妊娠紋，不僅是肚子，有些妊娠紋還會出現在臀部、腿部，甚至是胸部。這種紋在懷孕時呈紅色或者紫紅色，生產之後變為白色，幾乎沒什麼有效手段可以去除。產生妊娠紋的一部分原因來自基因，也就是說，母親容易長妊娠紋，女兒在懷孕時也容易長，另一部分原因是突然增加的體重對皮膚產生的拉扯。所以各位媽媽們在孕期適當控制體重是很重要的。

2. 腹直肌分離

如果肚子裡的寶寶個頭長得太大，很可能會導致母親在產後腹肌撕裂分離，這令很多女性生產之後有了「小肚子」，怎麼減肥都沒用。腹直肌分離的黃金恢復期在生育之後的半年到一年，透過簡單的運動就可以緩解，即便恢復不到原狀，也可以相當程度地減緩分離的寬度，讓腹直肌能夠保護內臟回歸原位。

3. 痔瘡

70%的女性由於懷孕時腹腔壓力增大、生產時撕裂等原因會患上痔瘡，並且大部分產後都很難恢復，只能透過飲食和護理減輕症狀。我倒是在實踐中知道了好多偏方，比如用白蘿蔔煮水燻洗，確實可以緩解痛感，但除了手術，似乎還沒發現能夠根治的方法。

4. 長斑與爆痘

50%以上的孕產婦，皮膚狀態都會因孕產期的激素變化而發生很大變化，其中長斑和爆痘帶給女性的困擾是最多的。爆痘之後留下的痘印、痘坑很難消除，斑雖然會在激素恢復之後逐漸淡化，但難免還是會有殘留，只能去醫院皮膚科做雷射去除。

5. 脫髮

幾乎所有產婦在生產過後的 3 ～ 6 個月裡，都會經歷一次嚴重掉髮，不得不提，很多女性就是從這個階段開始，再也恢復不到從前的濃密秀髮。說真的，當時我自己也每天大把大把地掉頭髮，心理壓力也非常大。

脫發問題導致的髮際線後移、髮頂稀疏確實很難改善，在此我要提醒各位媽媽，除了激素，造成脫髮的另一個因素是睡眠不足以及熬夜。

6. 胸部問題

這是所有哺乳媽媽都會面臨的問題，剛生產後的乳頭大機率會被嬰兒使出「吃奶的勁」吸破，這種痛真的難以形容，每兩個小時餵完一次奶，後背都能痛出一層冷汗。想解決這個問題，首先要教會嬰兒使用正確的銜奶姿勢。

還有，漲奶時萬一結奶塊，不揉是胸口壓大石，揉了是胸口碎大石，又是另一種痛。這個時候，用閒置的面部清潔儀按摩，或者用生馬鈴薯或洋芋片敷一敷，都能造成一定的緩解作用。萬一漲奶嚴重導致發燒，可以去中藥房買些蒲公英回來煮水喝，既能退燒，又不影響哺乳。

最後，斷奶後的胸部很可能會像兩個喪氣的布口袋耷拉著，這種情況透過健身可以恢復一部分狀態，不過也很難恢復如初。

7. 陰部問題

10%～20%的女性會在產後面臨陰道壁膨出的問題，一般有這種情況的女性通常還會有尿失禁的困擾。往往打個噴嚏、大笑一聲，或是提個重物時 —— 噢，漏尿了。

其實這屬於病症，需要治療，不過這意味著需要在產後第一年抓緊時間去醫院醫治。很多女性因為不願意面對治療場面，拖拖拉拉地錯過了最佳時機，等到幾年之後再想要去治療，效果甚微。

另一方面，很多媽媽們順產時會被側切，傷口恢復至少需要 15 ～ 25 天，也有少數產婦傷口癒合差，所以需要二次縫合。側切的媽媽們在月子期間一定要注意清潔，用碘伏消毒並處理傷口，只要盡心照顧，傷口就能癒合得又快又好。

側切其實並不是壞事，由於現在很多孕媽媽在孕期營養太好，寶寶們在肚子裡長得很大，順產中很可能會產生撕裂，陰道裡裡外外撕裂的程度不同，縫合起來不僅難度係數增加，癒合期也會更長，而側切可以避免陰道撕裂的情況。

8. 子宮問題

5%的女性在產後會遇到子宮脫垂的問題，這會嚴重影響身體健康，必須及時治療。

雖然我採訪到的這 100 名寶媽沒有遇到子宮脫垂的情況，但其中至少有 15 位寶媽表示自己的母親曾經去醫院治療過子宮脫垂，推測原因，大機率是產後休息不夠、下床勞動過重所導致。

我不禁想了想，正常身體中的子宮才雞蛋大小，而孕期會成長許多倍，生產後的子宮當然至少需要半年的時間休養啊！

9. 身材恢復

首先，產後的女性胯部會變寬，徹底恢復到從前的樣子至少需要半年到一年半的時間。我還記得，產後半年第一次能夠重新穿上產前的牛仔褲時，我激動萬分，差點在衣帽間裡蹦起來。

其次，孕期增重比較多的女性在產後減肥非常艱難，一邊要和產後憂鬱鬥爭，一邊要保證哺餵母乳的熱量所需，同時還要減肥，其實蠻辛苦的。所以不如在源頭上預防，即在孕期控制住自己的嘴巴，放緩增重，對自己和寶寶的健康都更有利。

更別提如果在孕期不幸得了妊娠糖尿病或妊娠高血壓，不僅會讓媽媽心理壓力變大，還會增加生產危險。

10. 生產危險

老年人總說：生孩子就像過鬼門關。這句話到底對不對呢？現代醫學發展了幾百年，我找了個數據給大家看看。

2020 年，全國孕產婦死亡率為 0.013‰。

也就是說現代醫學迅速發展至今，也不能保證全世界產婦生孩子絕對安全。

上述內容還不夠全面，透過對 100 位寶媽的調查和統計，我還總結出了一些並非身體層面的困擾。

心理告訴你

產後憂鬱症（postpartum depression）是指女性於產褥期出現明顯的憂鬱症狀或典型的憂鬱發作，與產後心緒不寧和產後精神病同屬產褥期精神綜合症。發生率在 15%～ 30%。典型的產後憂鬱症於產後 6 週內發生，通常在 3 ～ 6 個月內自行恢復，嚴重的也可能持續 1 ～ 2 年，再次妊娠則有 20%～30%的復發率。其臨床特徵與其他時間的憂鬱發作無明顯區別。

也許大家都不認為自己會陷入產後憂鬱的痛苦，但在「產後憂鬱」這個詞彙被大眾認知之前，這種情況是如何被描述的呢？

比如：生了孩子就很莫名其妙。生活挺好的，不知道她在哭什麼。她說沒事，只是不怎麼高興。前一秒鐘還挺高興的，下一秒突然就變臉了。說自己睡不醒，該睡覺的時候又不睡。整天疑神疑鬼的。她的脾氣簡直太壞了。

當人們對一件事不夠了解時，就只能停留在看表象。這導致對產婦的評價夾雜著不明所以的指責，這些指責最後往往會變成傷害。

很多女性在親身經歷產後憂鬱之前，也非常不理解一個人為何會發生這麼大的變化。

我曾經安慰一位在過度自責之中陷入產後憂鬱的媽媽：「媽媽們過的是什麼樣的日子呢？不能好好睡一個整覺、無法安心吃一頓飯、耳旁時時刻刻伴隨著嬰兒的哭聲、失去了與外界連繫的空閒時間……所以，情緒低落、經常落淚、無法入睡，都是再正常不過的事，就算是不生孩子的人，像這樣生活幾個月，也崩潰了呀！」

從這個角度是否能夠理解女性成為媽媽，驟然之間心態會產生多大變化呢？

在經濟條件容許的情況下，我支持每一位媽媽產後去進行正規的心理諮商，若是經濟條件不容許，也有很多免費的心理諮商熱線等待著我們（本書第十五章將會詳細講述關於心理諮商的內容）。讓專業的人來幫助我們度過心理生病的時光！

從前沒人告訴我

「既然生育如此不易，為什麼從來沒人告訴我呢？」這個問題提得好！

雖然說我們都是媽媽所生，但為何我們都不知道媽媽是如何經歷這一切的？具體都經歷了些什麼？

如果要追根溯源，我們習慣「報喜不報憂」，並且把「不言苦痛」作為值得鼓勵的行為大加讚賞。孩子們從小受到的都是關羽刮骨療傷、越王勾踐臥薪嘗膽這樣痛不能言、傷不能語的教育，一代一代地將這樣的習慣傳了下來。

尤其在長久的父權社會架構下，男性更具話語權，從前口耳相傳或寫在書中的事情，不可能包含太多關於婦女隱祕生活的內容。女性只能躲在閨房裡偷偷交流，加之社會約定俗成已婚婦女不可多向閨房女孩傳授成年內容，這樣一來，女孩子們大多懵懵懂懂地長大，又懵懵懂懂地嫁人生子。

等到進入現代社會，大量的科學書籍和現代醫學知識還是沒能打破人們的固有觀念，哪怕是八九十年代的人，也有不少女孩在懷孕時才開始零零碎碎地知道一些生育知識。

雖然書店裡的書架上滿滿都是書，可家庭教育缺失的內容卻不是那麼容易補上的，尤其是人們面對私密話題難以啟齒。

2016 年，我生完孩子後，因為與閨密討論到如何避孕這個話題，才發現她們都不知道舊式避孕環對女性的傷害。

大多數閨密聽到「避孕環」這個詞都很茫然，表示對其知之甚少。當我提及舊式的避孕環會使子宮長期處於發炎狀態，時間長了還會與子宮內膜長在一起，等到更年期絕經之後想取出來都很難時，大家都十分震驚，以為這只是個別情況，沒想到各自回家詢問了自己的媽媽，才知道情況確實如此。

那麼我又是怎麼知道的呢？

因為我在某一年陰差陽錯地去看了一位藝術家的展覽，主題是關於女性子宮內的各式各樣的避孕環。看完之後深感震撼，又惡補了一通知識，詢問了家裡的幾位媽媽輩的女性，因而對此有了一些了解。

當時我非常困惑地問我的媽媽：「為什麼你從來沒有提過這些事呢？」

媽媽臉上掛著一絲不好意思的表情，想了想說：「這些事跟你們小孩說了做什麼呀，又幫不上忙。再說了，那時候大家都是這樣的，也沒有別的好辦法。」

聽了她的回答，我一時無言以對。

做媽媽之前不知道的那麼多事，要在成為媽媽的那一年通通都學會，這也太難了吧！

尤其大家總愛用不耐煩的態度應付新手媽媽，搞得好像是「我發問、我不對、我事多」似的，實在不科學。

知道的意義

看到這裡，也許你們會感到很奇怪，怎麼這本書花了如此之多的篇幅講述做媽媽有多難、多痛苦？

答案是身為女人，我們有權知道自己的生理特點會伴隨怎樣的痛苦，生或者不生都是我們的權利。如果在選擇生的基礎上，可以更清楚自己即將面臨些什麼，也對自己更負責。還可以明確地避開雷區、休整內外，讓自己在生育之路上更容易獲得直接有效的解決方案，而不是陷入困境束手無策。

而身為男人，必須要知道你的伴侶為生育承受了些什麼，這樣才會真正地理解她、尊重她。男人應該在此基礎上更進一步，尊重承擔了這一切的女性群體，不僅僅是你的妻子、你的母親，還包括其他女性。

生育有著無法替代的重大意義，它對人生的改變和影響也是不可逆的。

在此，我不願再去贅述一些生育對人類繁衍、國家繁榮、永續發展等產生的巨大作用，只想站在一個普通人的角度上，談一談生一個孩子，對人生來說到底代表著什麼？

有些人，堅信養兒防老，孩子生出來是有用的。

有些人，認為孩子是愛情的結晶，願意為愛而生。

有些人，生孩子是為了延續自己的基因，生了才安心。

有些人，單純喜歡小孩子，也享受撫育孩子的樂趣，可能還會生不止一個。

有些人，可能遭遇了避孕失敗，但又沒什麼理由不要，自然就生了。

有些人，則是因為家裡催得緊，催完結婚又催生，想堵上長輩的嘴，只能生。原因種種，既有生的理由，也有生的自由。

可有人喜歡孩子，就有人討厭孩子，請不要明明自己討厭孩子，卻扛不住別人的勸說而去生孩子。育兒不易，其中的艱辛難以描述。做其他事也是這樣，若是內心不情願，想要全憑理智和堅持去做好，恐怕只會把自己逼進死胡同。

內心坦坦蕩蕩、對生育這件事懷有愛意和肯定態度的媽媽，哪怕考驗再多，也更容易培養出一個懂得感恩的孩子。

也許我更重視耕耘的過程，但不代表我對收穫毫無期待。誰也不願意自己辛苦多年，到頭來卻收穫一個只懂索取的「巨嬰」。

生育的意義在於，將一個生命與另一個生命用情感和基因緊密聯繫在一起。育兒的前幾年，很難獲得喘息的機會，而在育兒的後半程，又要學會放手。在知道這一切之後，我依舊會選擇生一個孩子，這是一個女性的「現實英雄主義」。

尊重自己的身體、了解未來的路途、肯定生育的意義，是每一位女性成為媽媽之前「富養自己」的基石。

日劇《我們的奇蹟》中，有一封兒子寫給母親的信，曾深深感動了我：

我曾想，試著計算出自己存在的機率，但完全計算不出。

從兩億精子中被選中的是我，光這點就已經是兩億分之一的機率了。如果妳沒有作為女性出生的話，我也不會出生。如果你沒有和父親相遇的話，我也不會出生。而且如果還沒等到我出生，你就死了的話，我也不會出生。作為女性出生的機率、與父親相遇的機率、你活著的機率，考慮到這些的話，我的存在真的是個奇蹟。

況且，你是你的母親生下來的，考慮到這個機率的話，我存在的機率就更加是個奇蹟了。而你的母親又是你的外婆生下來的，考慮到這個機率的話，我存在的機率就更加更加是個奇蹟了。

總之，祖祖代代，奇蹟般的事情不斷累積，才有了我的存在。這，很了不起。僅僅是出生就已經很了不起了，但在這個世界上還有很多了不起的事情，還有很多我不知道的事情。

很了不起，您能生下我，真好！謝謝您。

將生育的意義放大，大到談論每一次生育對人類的意義，確實是奇蹟的累積。而將它縮小，小到每一個嬰兒的誕生，讓媽媽的生命受到前所未有的重擊，之後猶如重生一般，這也是一個奇蹟。

所以，每一位選擇做母親的女性都值得被尊重，值得我們這個社會給予她們體諒，而那些選擇不做母親的女性，同樣值得所有人的理解和尊重。

第四章
孤獨的母親

前面講了這麼多關於如何準備好去做一個媽媽的內容，但當我真正成為媽媽時才突然發現，前面所做的一切都是遠遠不夠的。

我在孕期讀了好幾本養育書籍，甚至潛心研究了《西爾斯親密育兒百科》（*Dr. Sears the baby book*）、《實用程序育兒法》（*The Baby Whisperer Solves All Your Problems*）這樣的作品，對書中重要之處不僅像對待課本一般用彩色筆標記，還在書頁上貼了重點提示的分色標籤。

而當我生下我的孩子禮物時，依舊感到十分慌張。

這種慌張並沒有隨著生育之後的時間流逝而消失，我驚訝地發現，原來我要面對的困難不僅僅來自新生兒，還有很多其他的困難。

這些事可從來沒有人告訴過我啊！更別提生產這件殘酷無情的事了。

作為一個順產過的產婦，什麼叫痛到靈魂出竅，我可真是體驗到位了，如果這個時候還有人來跟我說什麼生過孩子的女人才完整，我會告訴他：「如果這麼說，那麼我認為被人打爆過睪丸的男人才完整！」當我痛了一夜沒睡，早上六點鐘在冷冰冰的產房裡岔開腿用力的時候，任誰也不會覺得經歷過這件事才是完整的人生。

也許有些產婦能夠在私人醫院裡生產，感受的確會好很多，但絕大多數產婦都是在公立醫院裡的六人間或者走廊上痛得來回踱步，直到生產完，還要在人來人往的病床前忍著下體疼痛露出自己的乳房笨拙地餵奶。

這件事已經過去了 6 年，我還是沒辦法忘記那些複雜的感受，這次顛覆了我原本人生中所有經驗，讓我一瞬間卸掉了累積多年的教育、學識、成就、認知等盔甲，成了一個原始的、赤身裸體的、孤獨的雌性人類。

這些經歷並不會讓人感覺人生更完整，反而會讓人害怕，尤其是當你的感受被周圍的人刻意忽視或不理解時，隨之而來的是深深的孤獨。

更難的是，母乳媽媽經常需要在夜裡起床哺乳。

安靜黑暗的夜裡，媽媽一個人坐在床前，垂著頭抱著孩子餵奶，餵完後再一下一下地拍奶嗝。此時朝窗外望去，萬物的一呼一吸都在靜悄悄的空氣中被無限放大，特別清晰，也特別孤獨。

也許耳旁有丈夫酣睡的呼聲，也許空調出風口在嘶嘶地吹著風，也許有夏日裡樹葉伴著夜風的沙沙聲，世界都安歇了，孩子也吃飽了。只有自己，見過凌晨一點、兩點、三點、四點、五點⋯⋯每個時段的月亮和夜晚。

這樣清楚的痛苦，無法替代，無法訴說。

有的人會說：「每個女人不都是這樣過來的？怎麼就你這麼矯情？孩子長大了就好了，再熬一熬。」

道理我都懂，可是為什麼，我這樣孤獨？這樣痛苦？現在讓我們分析一下，媽媽們到底為什麼會這樣。

難搞的小傢伙

現在回憶，生下孩子之前，並沒有任何人告訴過我關於新生兒的三個重要的特點，我所有對於新生兒的認知都來源於書本，而書籍裡的一切似乎都指向了「只要你努力解決，問題都是可以被解決的」這個邏輯。

新生兒的三個重要特點是什麼？說出來，有育兒經驗的媽媽們可能會擊掌三聲——這些往往容易被忽視：

第一，很多說不上來是不是生病的症狀，會隨著長大而逐漸消失。

也就是說，那句「長大了就好了」的老話是真的。

比如新生兒不會自主入睡這個世紀難題，這第一道檻就把所有新手媽媽絆倒了。但不會自主入睡的嬰兒長大了都能自己睡著，換句話說，並不需要補課，即使你不去訓練他們，這個技能最終也會被他們熟練掌握。

再比如，很多嬰兒會有噴奶、脹氣等症狀，這些看似不起眼的小事會帶給新手媽媽巨大的焦慮，並不是媽媽們脆弱，而是由小症狀引發的一系列麻煩事會堆疊如山：一個嗷嗷待哺的嬰兒終於吃飽了，拍了拍嗝，此時昏昏欲睡的嬰兒看起來非常安穩，可剛一放下，五秒鐘後，一大口奶噴射而出……換衣服、換床單吧，而錯過了睡眠時機的嬰兒也逐漸煩躁起來，開始嚎哭。這一哭，引起書房、客廳裡其他家人的騷亂，他們迅速過來圍觀，可剛到臥室門口，新手媽媽低頭看到自己袒露的乳房，大喝一聲：別進來！幾位家人站在門口瑟瑟發抖，暗自交換著眼神：脾氣真大。

這樣的例子可太多了，嬰兒的類似症狀幾乎每天都會發生，新手媽媽們如履薄冰，卻無法避免。

如果帶孩子去醫院，大夫也會無奈地說：這個啊，長大就好了；滿 3 個月就會逐漸好轉；1 歲以後就好了。

作為一個 5 歲半兒童的媽媽，此時我要告訴各位新手媽媽的是：很多這樣那樣的小問題幾乎貫串孩子的整個發育期，從 0 到 18 歲。

所以，老母親們，請淡定一些！放下書籍和手機，選擇讓自己睡個好覺更能緩解焦慮。

第二，孩子的個體差異非常大，大多數是由基因所決定的。這句話能解決老母親們 30%的焦慮。

不管是新手媽媽還是 10 來歲孩子的媽媽，在四處打聽了其他家孩子的情況之後，總是能得出這樣一個結論：「孩子真的是各有各的特別之處啊！」

有些孩子，從小精力就特別旺盛。我的某個閨密家的女兒，從嬰兒時期就晚上十一點才入睡，夜醒數次，清晨五六點與太陽一起睜開雙眼，從1歲半開始，白天從不睡午覺或小睡，夜晚的作息依舊與嬰兒時期保持一致。這孩子熬得其他家人都長了黑眼圈，她自己卻精神抖擻。

而有些孩子，天生就是高需求寶寶，此時不得不再次拿我的孩子舉例。禮物占全了所有安全感來源的條件——順產、純母乳、媽媽全職撫養、全天候陪睡，而他卻像個貪得無厭的地主一般，無時無刻不想把老母親拴在尿布上，壓榨得我抬不起頭。所有人見此情形都告訴我：這是一種缺乏安全感的展現。但當聽我說完上述情況之後，總是沉默半晌。只能說，幼兒天性如此，不然還能怎樣？

更別提那些應該在某些發育節點達成的小目標了，四個月練習翻身，八九個月應該會手腳並用地爬，一歲開始邊學說話邊磕磕絆絆地走路……這些只是參考，雖然很多媽媽也會驕傲地告訴大家自己的孩子如何超前掌握，但我很清楚，還是有很多孩子並沒有按照教學大綱完成媽媽的計畫，他們有些性子慢，不願意「超車」，有些是懶懶散散不願意勤加練習。

總而言之，孩子有自己的想法，媽媽們只能靜靜等待。

第三，新生兒是個「半成品」。

也許很多媽媽都注意到，同樣是哺乳動物，小羊、小馬、小牛一出生就十分精神，最多幾個小時後就能抬起脖子和頭，然後搖搖晃晃地站起來要走路了。而嬰兒一出生，清醒的時間無法持續太久，還得過一年才能學會走路。

人類甚至有很多非常棘手的問題，也會在嬰兒出生後 1 ～ 6 個月之間發生，比如腸絞痛、脹氣、胃食道返流、嬰兒痤瘡、消化不良引發的腹瀉等。

當然，剛出生的嬰兒能不能站起來或是學會走路，對人類的繁衍沒有太大影響，人類的社會性決定了嬰兒需要成年人的保護和哺育才能成長，自然環境對嬰兒的影響較小。

這是人類進化所致，只能由養育者們來彌補。而一代一代的母親們，就這樣承擔起了人類進化和繁衍的責任。

難搞的激素

回到媽媽這個身分上，很多新手媽媽在生產後的半年乃至兩年中，都陸續產生了一樣的感受：強烈的焦慮、對新生兒的強大保護欲、情緒起伏快速且強烈、容易被負面情緒控制大腦，甚至出現輕生的念頭。

從生理學上看，之所以出現這樣強烈的情緒，是因為產後女性的身體中有好幾位強而有力的傢伙在搗亂 —— 雌性激素、孕激素、黃體激素、催乳素、催產素等。

女性在懷孕期間，需要垂體、卵巢和胎盤分泌的各種激素相互協調，才能維持正常的妊娠。尤其是雌、孕激素，對於調節母體與胎兒的正常代謝造成了極其重要的作用。

產婦一旦分娩，皮質激素、性激素的分泌會迅速減少，經過幾個月至一年多的時間會逐漸恢復到妊娠前的數值，同時新手媽媽要承擔餵養任務，催乳素的分泌量此時會急遽增加，這些變化必然會影響到神經系統功能的穩定性。

一句話總結：有些激素是懷孕所需要的，產後便急速下降；有些激素則是因為開始泌乳而升高的。

此時由於體內的黃體激素和雌激素因妊娠的結束而驟減，會對新手媽媽的身體、情緒、心理活動產生很大的影響。

《西爾斯懷孕百科》(*The Pregnancy Book*)中〈分娩的激素交響曲〉一章寫道：

懷孕期間，催乳素升高，分娩時有所降低，然後在最需要它的產後頭一小時，奏響最強音，作為神經化學協調員，開始泌乳，幫助媽媽和寶寶建立連線。

從生化的角度來說，神經科學家認為催乳素在媽媽和寶寶之間引發「積極的成癮」，這是對分娩的辛勞給予的「基於大腦的獎賞」。分娩的另一個奇蹟是：分娩的激素和聲提高了我們稱之為依戀激素的數值，將媽媽和寶寶拉得更近。

一個新手媽媽瘋狂地愛著自己的寶寶，那種所謂天生的母性，展現在對嬰兒全方位的霸道控制欲上，這種激烈情緒的來源，很可能就是催乳素了。

有的時候，我回憶起自己剛生產完那半年對孩子的控制欲，自己都不免要打一個冷顫——我的天，難道這不是成為一個變態控制狂的前奏嗎？

但一想到背後是這些不受控制的激素們在搞鬼，我立刻原諒了自己。沒辦法，這就是孕育生命所付出的代價啊！

而我也藉此機會，學會站在各式各樣的角度認識這個「我」，明白了自己的意志有時候根本不管用，也就更加沒有必要苛責自己了。

難搞的關係

小小的一個新生兒，卻能改變整個家庭成員之間的關係。

很多女性在結婚之後，家中的婆婆和媽媽都會鼓勵她快生：「你只管生就好了！」可孩子真生出來，她們卻都改了說法，變成了：「孩子還是要媽媽多照看，這樣對孩子好。」

爸爸、奶奶、外婆，這三個人到底能不能同心攜手育兒？這是很多新手媽媽的世紀難題。

隨著新生兒的出生，即便沒有激素干擾，新手媽媽也會發現，一開始設想的四五個大人輪流照顧孩子和產婦是不現實的。帶小孩的生活是艱難的，最艱難的部分不是沒有人幫忙照顧孩子，而是居然還有很多人是來添亂的。

說到這裡，各位媽媽們是不是非常感謝這個世界上有月嫂這個職業，有月子中心這個地方？

這簡直是全體育齡女性的福音。

生孩子有那麼多危險，養育道路如此艱難，最起碼讓我們坐個省心的月子吧！

缺席的伴侶

在醫院的婦科、兒科都存在著這樣一種「奇觀」：大量無所事事的男性占據了絕大部分的等待區，他們也許在玩手機遊戲，也許在接繁忙的公務電話，也許在發呆，也許在幫忙時因為手忙腳亂或者問一些蠢問題而挨罵。

因為這種情況經常發生，很多女性在孕期時就未雨綢繆，努力將自己的丈夫納入一起準備育兒戰鬥的陣營來，不管是孕期讓丈夫陪自己去產檢，還是讓他承擔部分家務勞動，都算作是對未來的準備。

當孩子出生之後，媽媽們很快就發現，育嬰師和長輩會將丈夫應該承擔的許多工作搶走，而伴侶本人似乎也缺少做爸爸的自覺。

這種時而視而不見、時而裝作不懂的狡猾行為，難道不會被女性發現嗎？

事實上，大部分女性都是會發現的，因為人總是有一種敏銳的察覺力。只不過產後的媽媽們在育兒生活中相當疲憊，無法花太多時間和精力去計較這些。於是許多爸爸們就這樣渾水摸魚，直到媽媽們的情緒累積到不得不爆發的時候，他們無法迴避，才會做出回應。

注意，是回應，不是改變。

當男性在想「她這麼生氣，我好像得做點什麼」的時候，其實女性已經十分痛苦了，這時候女性期待的是男性的重大改變，而許多男性往往只是簡單地給出口頭回應。

「我知道了」、「那好吧」、「我會努力的」，甚至推卸式的反問「那還要我怎樣呢？」這些回應既不能在情緒上安撫媽媽們，也不能真正體恤媽媽們的辛勞，更別提在行動上做到真正支持和分擔。

有一部分女性十分厲害，她們能迅速判斷出情況對她們十分不利，此時必須要讓這個男人動起來，自己才能獲得喘息的機會。此時此刻她心裡想的是：既然你要當個懶驢，那我也只能當母老虎去管教你了！

不同於這種潑辣的手段，世界上有些所謂的為「幸福女人」傳道授業的專家告訴我們，要懂得經營夫妻關係，女人要小鳥依人，要用對方式方法，巧妙地讓丈夫聽你們的話，並且為家庭付出。

還有一部分女性（包括我自己）被曾經的教育、經濟、思想限制，哪怕看十本這樣的書籍也沒用。思前想後，既不想向別人伸手要援助，也不想放下身段去討好他人。

我明明也在上班賺錢，為什麼要把丈夫當老闆一樣曲意逢迎呢？再者，我為什麼要像馴獸師一樣，把丈夫當成動物去訓練呢？

一些懶惰的父親享受了孩子喊的一聲爸爸，但沒意識到自己做得不夠，久而久之，他們真信了自己確實做得十分完美。

媽媽的孤獨，是那麼難以疏解。

除了月嫂和月子中心的護理師，極少有人能夠在漫漫長夜替代母乳媽媽們夜醒；也很難有人會同時體會到下體側切疼痛、乳頭皸裂疼痛、漲奶堵奶疼痛……這些疼痛接二連三、緊鑼密鼓地在身體上發生著，可許多媽媽們卻連基本的洗澡的自由都不能享有。

身體遭罪讓媽媽們苦不堪言，但更讓人感到孤獨的是，當下沒有一個人能夠與自己共度風雨。

這種深深的孤獨甚至讓媽媽們開始懷疑：真愛這個玩意兒到底是否真正存在？

可是當看到身邊酣睡的嬰兒忽然微微一笑時，我們酸澀的心頭彷彿吹進一陣暖和又溫柔的風，這就是愛啊！

第五章

新手媽媽，真的很難

在養育孩子的初始階段，也許是新鮮感和高亢的激素使然，大部分媽媽對孩子的耐心極大，對自己的感受卻很少在乎。

或許，是來不及在乎。

通常 3 個月之後，會有一些媽媽們回過神來：「怎麼回事，難道我的人生就這樣了嗎？」

這句自我反問的殺傷力極強，足以讓媽媽們或是在浴室裡邊洗澡邊流淚，或是在午夜醒來時失魂落魄。

於是，我當了媽媽之後，經常會思考：為什麼長久以來，很多做了媽媽的人並沒有當今社會的媽媽們那麼多不好的感受和痛苦？

不好的感受如此之多，是我的問題嗎？

難道其他媽媽都是愉快的，獨獨只有我這樣難熬？

資訊大爆炸

社會在不斷進步，也許有很多方法能讓人類從瑣碎的勞動、基礎消耗中暫時脫離出來，但女性肩負的壓力卻越來越多、越來越複雜。

首先，「媽媽」這個角色所承載的壓力和勞動並沒有減少很多。在某種程度上，過去之所以「聽不見」什麼訴說，僅僅是因為能夠引起重視的訴說太少。

100 多年前，女性很少有話語權，誰會聽她說？恐怕只有後院裡、家裡的女性們。

男性不怎麼會聽到這些話，即便聽到了也會嗤之以鼻：「頭髮長見識短，就知道抱怨家長裡短的事情。」

他們倒是從來沒想過，女性有看外面世界的機會嗎？既然沒有，又如何能「見識長」呢？

其次，近百年來，女性解放運動為女性們的地位爭取到了巨大的提高，使女性有了受教育的權利，也有了參與許多事務的權利，將女性從沒日沒夜被家務事纏繞的境地中解放出來，女性這才有了長見識的機會，也有了更多話語權。

然而，社會仍舊無法將家宅之事透過書本知識的方式，讓全體女性鄭重對待、好好學習，討論的重點落在那些所謂

「男人擅長的事情」上面。

好在網路時代來了，人人都擁有了發言權，也有了發表言論的一席之地和自己的支持者。各類資訊瘋狂增加，每天都會產生看不完的觀點、讀不完的文章。

古希臘著名哲學家芝諾有一句經典名言：人的知識就好比一個圓圈，圓圈裡面是已知的，圓圈外面是未知的。你知道得越多，圓圈也就越大，而不知道的相應也就越多。

「知道自己不知道」引發了許多人巨大的壓力和焦慮，前文我們也講過這種心態，容易被「完美要求」牽著鼻子走。同時還會引發競爭心理，總害怕自己做得不夠好。

心理學把這種現象叫做「過度思慮」，幾乎每個人都遇到過。但育兒的思慮實在太大，一旦想到自己的丁點差錯會影響另一個生命的一生，就很難輕鬆得起來。過度思慮屬於典型的精神內耗，不但會耗盡精力，降低行動力，讓人感到疲憊不堪，降低對生活的滿意度和幸福感，甚至還會影響人們對自己存在意義的認知。

哪怕是再厲害的教育學家，也會在育兒道路上遇到問題，也會有請教別人的時候。在這個競爭激烈的社會裡，想要保持平常心，走好屬於自己的路，反而成了一種奢望。

物來順應，未來不迎，當下不雜，既往不戀。

這個世界上最獨特而珍貴的事情，其實是在紛紛擾擾中還能堅守初心。

時代烙印

我們這樣的媽媽並不是一直以來大眾眼中的「媽媽」，時代的變化在我們身上展現得淋漓盡致。從小聽著「婦女能頂半邊天」長大，父母並沒有因為我們是女孩而剋扣學費、影響未來，我們可以透過自己的努力學習、工作、創業，我們從來沒有因為自己是女性而放棄過自己。

這樣的我們，怎麼會因為當了媽媽，就莫名其妙地開始按照社會和大眾認為的那樣，去做個「完美媽媽」呢？

他們以為的完美媽媽，是任勞任怨的，是犧牲自我毫不保留的，是為了孩子喪失所有選擇的，也是沉默著認命的。

可我們不是。

我們努力地長大了，也會繼續這樣努力成長，一直到老去。

於是，自我與媽媽的身分反覆拉扯著，拚命爭奪這具生命體上的靈魂與精神。我們感到痛苦、自責，同時也很費解。

我們不懂，為什麼只有自己為此而痛苦？是不是別的媽媽都不痛苦？

是不是只有我？

為什麼孩子的爸爸不會感到痛苦？到底是哪裡出了錯？

是我的問題嗎？

這些問題，沒有人會回答。我們的母親沒有經歷過內心的撕扯，我們母親的母親也沒有過這樣的思考。環顧四周，感到不快的媽媽們還未能意識到，這樣的困擾是一種集體現象，而非個體感受。

時代的變遷，會在一代人身上產生深深的烙印，這也是為什麼同一時代人的共同記憶很容易引起大家的共鳴。

我們這一代人大部分都是獨生子女，從小就擁有屬於自己的空間，這種空間上的隔絕和保護猶如氧氣一般，在你擁有時不會感到有什麼特別，可是一旦失去，就會感到窒息般難受。

哪怕我不是獨生子女，但我從小就一直擁有自己的臥室、書桌、書櫃、衣櫃，在我的空間裡，我有鎖門的權利，也有敲門不開的權利。

但這個權利在生了孩子之後，就驟然消失了！

記得在育兒的第一年，最讓我崩潰的事情，是自己連上廁所的自由都沒有了。坐在馬桶上還沒有十來秒，門外便貼上一雙肉乎乎的小手，一邊拍著門拚命想擠進來，一邊喊著媽媽媽媽。不超過十秒鐘，我就得提起褲子走出洗手間，不然就會有密集的嚎啕大哭來催我了。

更別提費時更長的洗澡了，嬰兒的身上似乎有一個和我緊密連結的雷達，只要我一站在舒適自在的淋浴下，他就會醒過來將我「抓」回床鋪陪睡。

相信如我一般被剝奪如廁、洗澡自由的媽媽不在少數，於是我們都學會了洗「戰鬥澡」，也曾罹患痔瘡之痛。

真是不言則已，一言就要心痛。媽媽們過著的是什麼樣的生活。

很多女孩子都經歷過自由自在的大學生活，畢業後剛工作的幾年，也是過著自由自在的生活。和現在所過的生活相比，心理落差太大。

也許你看過張愛玲的書，看過亦舒的書，看過瓊瑤、席慕蓉、張小嫻的作品，你對自己的人生規劃是繁華城市、辛勤工作、喀什米爾大衣和羊皮小包，也許有美好的愛情，這裡面可沒有婚後變成死魚眼珠子什麼事。

我們能感受到人生因為自己的努力，越來越能被自己掌控，自己離曾經憧憬的獨立、美好的生活就差一步。

很多聲音告訴我們，那一步是結婚生子。可萬萬沒想到，這一步踏出去，卻是一夜回到起點。讓人從引以為傲的現代女性，瞬間墜入八點檔婆媳劇裡，世界彷彿在嘲弄你：任你天高海闊，此時不還是屎尿屁多？

這能那麼快適應嗎？不可能啊！作家艾小羊說：一個人的舞臺越小，越容易執著於細微之處，這種執著既讓他們痛苦，同時又為他們提供了脆弱的安全感。

從前年紀小時，我是最不愛聽我媽跟我說那些家長裡短的事情的，應付兩句拔腿就跑。現在我 35 歲了，我才知道這就是媽媽的世界，當你有了一個孩子，就得進入家長裡短、雞零狗碎的世界。這一路走來，周圍世界便一圈一圈地縮小，最終成了這樣小小的一方天地。

女人內心的那雙翅膀，如同家禽一般，雖說是禽類，前面加了個「家」字，也就意味著翅膀只剩生氣時忽扇忽扇了。

此時若是還要苦哈哈地苛求自己，那也未免太艱難了。

掙扎中前進

即便如此，我身邊大部分女性並沒有因為自己成為媽媽而感到不快過，反而都很憧憬和自豪，她們的自我認知很飽滿，內心也並不匱乏。

但為什麼還是經常會感覺快要崩潰呢？

除了生理和體力上的巨大損耗，還有種一望無際的絕望感。有人會說，孩子終究會長大，長大了就好了。

誰不知道這樣顯而易見的事呢？

可誰能告訴我們，此時此刻，如何才能讓媽媽們不那麼痛苦？誰能讓媽媽們減輕負擔，哪怕是睡個好覺，自己跟自己待會？

家有幼兒的媽媽們是很少有這個時間和機會的。

因為新冠肺炎疫情而被隔離在家的數月中，很多家長都感到很崩潰。帶過孩子的人都知道，帶孩子出門也是一種生活的調劑，起碼孩子「放電」快，晚上能早點入睡。所謂的怨婦、潑婦，重點不在「婦」，經歷過夜以繼日細碎折磨的人都會有怨和潑，這是心理崩潰的徵兆。在過去，這樣的經歷大多數由女人承擔，可現在不也一樣嗎！

現代女性與男性接受一樣的教育，考一樣的試卷，在職場上也一樣努力，最後做了媽媽，一邊聽著「女子本弱，為母則強」，一邊被剝奪人身自由，並且付出不被重視。更不要說這樣那樣的職場歧視和社會輿論了，於是許多媽媽半夜淚灑床頭，白天依然是女戰士一個。

為了兼顧育兒，我辭職之後成了自由職業者。然而單靠寫作顯然無法頂得上原本的收入，於是我做了很多其他的工作，既能在家育兒，時間空間也更自由。

很快，我發現了很有意思的現象，這類能夠在時間和空間上兼顧的工作，主要參與者幾乎全是女性，而且全是媽媽。其中 70%以上的人都是作為副業，也就是說她們還有一份朝九晚五的固定工作。

據我這幾年看到和感受到的，女性並不是只顧著育兒。很多女性為了自己、家庭、孩子所付出的努力，遠遠超出了育兒的範疇。

不管是跨界去學新東西，還是放開手腳做自己不擅長的事，她們都做得很好。在各種壓力下，她們並未意志消沉，反而不斷進步，真正做到了在自我成長中「富養」自己，優秀的女性真是讓人欽佩！

我有時候會覺得，這個世界的確不公平。但我還是和眾多媽媽一樣，選擇去做自己該做的事，而不是就地淪落。

拋開所有賦予母親的讚歌，我們其實並不需要被刻意歌頌，我們只是做了媽媽，做了一個女性想做的角色。我們付出了許多，也收穫了許多。

作為女性，我最不希望收穫的是防範和警惕，付出的卻是血淚與不可挽回的真心。媽媽就是媽媽，我們不需要做偉大的人。媽媽只是一個身分，神化它、強行賦予它別的意義，都是不合理的。

請用各種方式去緩解病人承受的身體苦痛，而不是獨獨要求女性因生產而忍耐。請用能力承擔其他家庭角色的責任和義務，而不是一味加重母親的負擔。

請改善女性群體的社會環境、法制和輿論，而不是冷漠地戴高帽，巧取豪奪她們應有的保障。

這 5 年多來，我的孩子禮物從嗷嗷待哺的高需求嬰兒，成了一個越來越懂事的小男孩。他終於學會了用溫柔的方式去表達愛。

今年母親節前夕，禮物問我：「媽媽，我是從你肚子裡出來的嗎？」

我說：「是的。」

他繼續問：「那我是怎麼進去的呢？」

我第一次沒有用常規的方式解釋這件事，而是很浪漫地說：「你還是小天使的時候，在天上跟很多小天使在一起，排著隊選媽媽。」

禮物很驚訝：「選媽媽做什麼？」

「因為有很多媽媽都想要小寶寶，你也在想，選誰做媽媽呢？最後，你選了我當你的媽媽。」

他很高興：「我是從天上選媽媽的！」

禮物啊，我沒有選過你。其實，你也沒有選擇我，而是那樣毫無防備地降落在我的肚子裡。

我選過的人，只有我自己。我成了一個媽媽，做了一切能夠做的，媽媽只是其中的一個角色而已。

我痛苦過、難受過，但我不後悔。是孩子的出現，讓我的生命更豐富。

第六章

孩子還是自己？不是二選一

上一章提到了堅守初心的珍貴之處，但很多時候，堅守初心意味著要放棄很多。尤其是成為媽媽之後，我似乎經常要做各式各樣的選擇。

要做全職媽媽嗎？我相信很多媽媽在育兒初期都做過這樣的考慮，試圖權衡利弊，在育兒和工作之間做出一個選擇。

究其根本，這也是對自己角色的選擇。育兒即孩子，工作即自己。

兩者的衝突來源於，一個人的精力和時間是有限的，24小時分配下去，給孩子會得到什麼？給工作會得到什麼？

我們都是精明的人類，可做這個選擇，我們想得明白嗎？這是人生啊，算不清的。

這個世界上有一種職業：365天全年無休，幾乎沒有個人空間和時間，不僅要犧牲個人的喜好和自由，還要隨時隨地熬夜加班，而且一分錢報酬都沒有。

這樣的工作會有人做嗎？

當然有，而且全世界有十幾億人都在從事這個職業。這個職業就是全職媽媽。也許你會認為，全職媽媽大多數都是上一代人。

然而並不是。事實上如果你還存有兒時的記憶，就會發現，我們父母那一代人在育兒上還是比較幸福的。

上一輩人的父母大多都是農民出身，沒有長期穩定的工作，尤其是二三十年代出生的婦女大多沒有受過系統教育，也就根本不存在職場女性。彷彿任勞任怨地操持家務、帶孩子們長大就是她們一輩子的主要「工作」。當時婦女生育較多，通常不止一個兩個孩子，所以他們的兄弟姐妹和其他家人都能搭把手。像我和我的表兄弟姐妹們小時候，經常被舅舅姨媽或者叔伯姑姑們照顧。說到這裡，不得不承認，但凡家裡有人能搭把手，育兒也不會如此艱難。

當時的國家領導人為了提高生育率和婦女的勞動參與率，推動大量的單位、工廠為生育女性提供足夠的公共育兒空間和育兒補貼等，並且為她們育兒提供更多更好的社會化服務。

八九十年代，許多單位都設定有低齡幼兒的育幼院，我就是 1 歲半的時候開始上我媽媽單位的育幼院，等大一點了再上幼稚園，放寒假暑假的時候我還經常跟著父母去上班。

我們這一代人就這樣糊裡糊塗地長大了，我們的父母也糊裡糊塗地把小孩帶大了，這也就是為什麼當我們的父母看到現在的孩子如此難帶時，感到很詫異和不解的原因。

即便不當全職媽媽，根據一份調查顯示，受家務勞動——特別是生育——影響，34.5％的女員工收入會降低，24.2％的女員工升遷機會被影響，17.7％的女員工職業之路被中斷，16.6%的女員工失去進修機會，16.3%的女員工產假後未能返回原職位。

也就是說，作為女性，如果走入了婚姻和生育的路，就要面臨失去職場機會、收入降低等困境。而你一旦選擇了做全職媽媽，很可能就徹底告別了職場。

你想「富養孩子」，卻連富養的條件都沒有了。

母職的桎梏

成為母親之後，我發現自己置身於一個兩難境地。

要麼保持獨立，不做「賢妻良母」，但多半對丈夫和孩子（主要是孩子）懷有虧欠之情；要麼為了符合主流社會的觀點，選擇做一個「賢妻良母」而犧牲自我。

意識到這一點，是因為我的父母也會參與到「別人家不稱職的媽媽、妻子或媳婦」的聲討中，當我成為一個媽媽、妻子、媳婦的時候，這樣的論調讓我特別敏感和不適。也就是說，我並沒有因為自己生了兒女，就輕易改變自己既有的認知和思想。

男權社會中，幾乎每一個人都是接受男權思維和男權教育長大的，這種模式深入骨髓，難以逃脫，這也是很多女性在成為媽媽之後，感到自己「沒有家」的原因 —— 丈夫家根本算不上自己的家，而自己的家已經將自己「剝離出去」。

傑出的婦女社會運動家羅瓊在《從「賢妻良母」到「賢夫良父」》（《婦女生活》第 2 卷第 1 期，1936 年 1 月 16 日）中提出：所謂賢妻良母，就是封建社會奴役婦女的美名……我們承認婦女應該為妻為母，但是我們覺得婦女還有更重要的天職，這就是參加社會生產工作，進而促成不合理的社會制度改革，假使背著妻母這塊招牌，而用賢良的美名，想把婦女騙回家庭中去過他們的奴隸生活，這是我們必須堅決反對的。

一個世紀後，作為新時代的女性，我們要做的，是跳出這種「母職」輿論的控制，轉而在社會文化中建立一種新常識：母職是與一切公共領域的工作一樣有意義、有價值的，它不是一種次等的勞動。

但這不是要強制所有女性從事同等強度的母職勞動，女性可以在她自身所處的情境中，決定履行母職的方式和介入程度。

我們可以理直氣壯地自由決定！

我們當然可以是獨立的賢妻良母，可以是有主見的賢妻良母，可以是參與家庭決策的賢妻良母，也可以是參與公共事務的賢妻良母。

當我不再被母職的必然和道德感一葉障目的時候，我終於意識到，我完全可以在生兒育女的過程中，在家庭經濟的管理上充滿能動性。

同時，重要的是——父親履行父職是母職得以自由實現的重要基礎。

如果有人把家庭育兒與母職強行連結，忽略父親的職責，甚至刻意替父親的缺席開脫，那麼這種觀點是我們必須堅決反對的。

全職媽媽的痛楚

英國作家沙尼·奧爾加德在《回歸家庭？家庭、事業與難以實現的平等》（*Heading Home: Motherhood, Work, and the Failed Promise of Equality*）這本書裡說：英國的全職媽媽中有1/5 受過高等教育，而美國的全職媽媽裡 1/4 擁有大學學位。

在英美國家，婦女在勞動人口中的比例逐年攀升。

這意味著雖然女性就業率上來了，但是當一個女人成為媽媽，那麼她們退出職場的可能性約為未生育女性的兩倍。而這其中很多是高學歷、高收入女性，主動中斷自己本來大有可為的事業。

是因為她們不愛工作嗎？

恐怕不是。她們是不得不回歸家庭。

書裡採訪了大量高學歷、高收入的女性，她們離開職場，大多是因為丈夫從事高強度、高要求、高時長的工作，當家裡必須有一個人照顧孩子的時候，這個人自然成了女性。

選擇當全職媽媽，也不是一個輕鬆容易的決定。

在我傾聽很多全職媽媽的決定過程時，我發現，小孩生病這件事大機率會促使媽媽痛下決心。

此時的媽媽會陷入深深的自我懷疑中，反思到底為什麼要生孩子？如果不生，他就不會到這世界上受這樣的苦，媽媽也不會因他受苦而感到心痛和苦澀。

他醒著哇哇哭，你又急又惱；他睡著了安靜如天使，你又心痛又後悔；他被灌藥扎針，你恨不得以身替代。一旦當了媽媽就是這樣，孩子受的任何苦都像刀子一樣割在媽媽心上。

你可能後悔生他，這樣就不用如此牽動心弦，孑然一身、自由自在。

可這個如小小的花朵一般的人兒已經躺在你的懷中，後悔也來不及了，總得承擔起這份責任。抬起頭環顧四周，將他交給誰也不放心，只能把自己徹底讓渡出來。

這個決定的代價是什麼，其實很多女性不夠清楚，甚至還會因為丈夫和其他人的承諾而放鬆警惕，產生「這樣也不錯」的錯覺。

很多全職媽媽用這樣一種說法麻痺自己：給孩子 100% 的母愛和陪伴，是富養孩子的最大基礎，我的付出是這個世界上最奢侈、最昂貴的東西，是錢買不到的。

可能沒有這樣的謊言去支撐，就難以解釋這個愚蠢的決定，也無法接受自己在不得已之下做出的決定。

各位媽媽們，這件蠢事偏巧我也做過。

我在剛辭職的時候，最害怕別人問我為什麼放著公營事業的工作不要，選擇回家帶孩子。

說不心虛是假的，我也知道帶孩子這件事又難又苦又沒有報酬，可是我沒有別的選擇。我生完禮物後，出現了一個始料未及的情況：我父母因為種種原因不能幫我帶孩子，公婆還沒有退休（不願意放棄高薪工作），家裡僱請了一位遠房親戚來做保母，能幫忙搭把手。但這位關鍵人物在禮物 1 歲半的時候，辭職回老家幫自己的媳婦帶孩子去了。同時，公司突然要求恢復所有人的正常上班制度 —— 從來都是這樣，第二天要執行的事情前一天傍晚通知，真是氣得我又跳腳又慌亂無措。

這樣的情況不少見 —— 帶小孩與工作時間上的衝突，別的家庭也許有老人臨時幫把手，但我沒有，我只能靠我自己。

當時我真的非常窘迫，求爺爺告奶奶地四處奔波，來來回回地找新保母。心裡隱隱也做好了準備，萬一沒有可靠的育兒人選，我只能辭職。

實在沒辦法，終於找到了一位能夠早八工作到晚六的阿姨先頂上。於是我開始了家裡和公司兩頭跑的生活，從早上七點開始馬不停蹄地帶小孩、工作、午休回家、帶小孩、工作、晚上回家帶小孩、睡覺。

周而復始，還不滿 1 歲半的禮物經常夜醒，我無法徹夜安睡。

堅持了兩個月，我快要崩潰了，一想到這種日子要過到禮物 3 歲上幼稚園，還有一年半的時間等著我熬，頓時更痛苦了。

艱難抉擇之後，為了身心健康，我選擇了辭職。

好在當時我已經有了很多額外的收入，家裡的保母也在繼續幫忙，從這一點上來講，我還不能算是全職媽媽。

做全職媽媽的前幾個月，我還是挺自得其樂的，覺得這樣的生活挺不錯。縱然很多人都遺憾我就這樣退出了職場，我還是沒覺得這有什麼大不了。

最觸動、最刺痛你的感受，往往來自最親近的人。哪怕我從未向丈夫伸手要過錢，但當我成了全職媽媽之後，作為最應該支持我的人、直接享受我的勞動成果的人，他的態度卻產生了微妙的變化。

他開始認為家事是我分內的事，開始不再在乎我對一些事情的看法，原本就愛玩的他開始變本加厲，找藉口不回家，言語中也會表達出對我的付出的藐視，並且認為我是那個對家庭貢獻最小的人，因為我看起來什麼也沒做，即便做了也是做的最輕鬆的事。

女性從事家務勞動所付出的艱辛是大眾難以想像的。

據統計，家庭主婦每週的工作時間大約在 77 小時到 105 小時，幾乎是現代標準工作時間的兩倍，如果是全職媽媽，工作時間更無法估量。

同時，女性對家務勞動自始至終都有很強的使命感，幾乎每一個人都為自己配備了一套細緻、完整的日常工作流程，而媽媽們還要把育兒這件事做好，這種雙重責任感和壓力促使全職媽媽成了世界上最焦慮的人群之一。

當我回顧曾經，似乎其中很多環節都把自己推向了不好的境地，各種原因交織在一起，讓人無法抽絲剝繭清晰地分析。

艱難回歸

我相信，有很多女性選擇成為全職媽媽也是跟我一樣，並非完全自願，而是形勢所迫。

放棄自己努力多年的工作不容易。但全職媽媽的回歸更加艱難，尤其是當一個人與工作環境斷聯一兩年以上，在 HR 的眼中就和剛畢業、工作經驗為零的大學生沒有區別，甚至還不如這些年輕人好用。因為他們精力充沛、沒有家庭和孩子要顧及，對工作的投入要遠遠高於全職媽媽。

為什麼很多職場媽媽在雙重痛苦之下依舊堅持著，是因為她們看到了另一條路上的絕望更甚。

不得不說，不論是職場媽媽還是全職媽媽，都是非常辛苦的。

當這些現實的困難擺在眼前，很難有人能夠做到心平氣和，我相信絕大多數女性都不是精力旺盛、一邊懷孕一邊讀博士、帶小孩升遷兩不誤的超人媽媽。

當我們成為媽媽，似乎明白了中年人生活的真實面目，彷彿自己其實是一個救火隊員。我們的生活每天都在著火，不是孩子就是工作，還經常有個豬隊友在旁邊添柴火。

對於這樣兵荒馬亂的生活，我總結了一些心得。

一個屋子不需要四處都是通天落地窗，一個人也不需要時時刻刻都感受到自由，但她需要能夠感受自由的權利。所以媽媽們要跟丈夫溝通自己的需求，建立一個固定的只屬於你的時間段——「喘口氣時刻」。讓你喘口氣，生活就能變得好很多。

不管這個時間段需要花錢實現，比如請育嬰師或保姆，還是需要爸爸單獨帶孩子出去，或者他們留在家裡，你單獨出門去喝個咖啡看本書。這個「喘口氣時刻」是有必要的。

千萬不要為還沒說出口的要求去找不可能實現的藉口，不要想太多，這個小小的「喘口氣時刻」一定要為自己爭取。

相信我，當一件事對你很重要很重要的時候，全世界都會為你讓路。

用這個小小的自由，逐漸將自己的主動權拿回來，這段時間只屬於你自己。回歸是艱難的，也是必要的。

想起之前看過某位電視節目主持人的一段採訪，她對於全職媽媽以及有了孩子後的生活的一段話，想要記下來與大家共勉：

我其實有一個適應的過程，一下子所有的時間被他占據了，然後變得很瑣碎、很平庸。你要在很多的地方平衡，既不能說我的世界只有我，也不能說我的世界只有他。

你一定要在彼此的世界裡面，做好一個平衡。

所以我總覺得，我還應該很努力地，去把自己變得更好。讓他在未來真正懂得的時候，對於你有愛也有尊敬，他從你身上可以學到一些好的品格，我不想放棄我繼續成長的可能，我不想因為他變得止步不前。

做任何一件事都不能一蹴而就，當媽媽也是一樣。媽媽和孩子之間，並不是取捨關係，而應該是一個動態平衡關係。

這個世界微妙的地方在於，人們一般不會想像當下對未來的影響有多大，只能在懵懂中感到必然會有影響。

這種影響在哪裡、何時發生、會是什麼樣？誰也不知道。

如同種下一顆種子，澆花人固然重要，但陽光、微風、雨水、雪花都有它的作用。曾經讀過一段話，深得我心：

養孩子不需要像抓緊一把沙子那樣，抓緊所有有限的、看得見的因素。孩子的發展是他和各種因素合力產生的結果。各種力一發揮作用在孩子身上，有的力大一些，有的力小一些，最後的結果如何，要看合力的方向。

在這些力當中，我們應抓住主要矛盾，放下次要矛盾。而媽媽這位養育人自身的身心健康、永續發展，就是主要矛盾。

在生育初期的忙亂之後，媽媽們不妨將一部分時間和精力逐漸放到自己身上，做好與孩子「共同富裕」的準備。

第七章
把養小孩當成工作來管理

平心而論，現代育兒的工作量之大，難以估量，父母輩如果完全不幫忙，不免顯得冷漠。

我並不贊成要求一位女性既承擔生產的風險，又承擔育兒的艱辛，還要做一位與時俱進、賺錢工作的職業女性，只為了「什麼也不耽誤」，或者「完美媽媽」之類的評價，這是用「富養孩子」的枷鎖，挖了個實實在在「窮養媽媽」的大坑。

如果將育兒比作一個專案，那麼專案成敗的直接負責人——也就是專案經理是媽媽或爸爸，專案組組員是媽媽和爸爸，不定期參與的組員可能有爺爺奶奶姥姥姥爺，專案組外包公司為家政公司，專案組的神兵是育嬰師。

這樣一個年齡跨度大、知識程度參差不齊、來自不同地域和家庭，甚至想法不一的專案組，對專案經理的要求可謂是高出天際。

但有個組來出力，總比沒有強。

畢竟我們不僅是媽媽，還是我們自己，總不能活活把自己累死。只有有效利用資源配置，才能讓生活、育兒、工作、自我都好好運作，不至於讓自己窮途末路。

實話實說，在資源利用這個方面，我確實做得十分不好。巧婦難為無米之炊，專案組成員常年缺席，最終不得不放棄了一些角色，才留下了自己的半條命。

所以本章內容，多半都是用血淚換來的經驗教訓，回憶起來也是相當慘烈。

無法估量的工作量

每個家庭的情況各不相同，但大部分家庭的主要矛盾其實都差不多。

說到底，誰不願意在自己的舒適區裡快樂「躺平」呢？可孩子的出生攪亂了一切。養育孩子的過程，必然是不斷付出的過程。時間、精力、情感、金錢……這些付出是日積月累的，任何一個人都不可能在這個過程裡毫無怨念、始終保持平常心。世界上也不會有完美的解決方案，一定要做出取捨。

我在這裡要為大家劃重點「敲黑板」，取捨的原則就是：捨棄可再生資源，珍惜不可再生資源以及再生困難資源。

比如，可承受範圍內的金錢就是可再生資源，一定範圍的私人空間讓渡是可再生資源，身體與心靈的健康是不可再生資源或再生困難資源，親密關係破裂是不可再生資源。

這樣一想，我們是否更能理解西方家庭中喜歡請家政服務人員、育嬰師的行為了呢？

這一點上，西方確實要比我們更超前。

也許會有一些媽媽問：同樣的家庭勞作，請別人來做，需要花費不少錢，但我自己做或者請家裡人幫忙，不就能把這部分錢省下了？

能省下固然很好，很多時候，省錢意味著要消耗自己的體力、腦力。這種消耗，不是尋常人能承擔的。

我曾經看過一系列小小的插畫，是插畫師艾瑪所畫，插畫中的丈夫經常會說這樣一句話：「你怎麼不告訴我去做呢？你告訴我，我就做了呀！」

恐怕每個妻子都聽過這樣的話。

這句話有什麼問題嗎？看似沒有，好像還頗有道理。但其中包含的巨大工作量，是不能用金錢衡量的。

如果一個男性總是依靠他的伴侶去分派家務給他，那麼他就把妻子當成了家務事的專案經理。

在這種情況下，「專案經理」需要知道什麼家務需要做，以及需要什麼時候做完。在任何一家公司裡，規劃和管理本身就是一份全職工作。在職場中，如果一個人負責管理專案，那麼他就不會參與到具體的專案實施中，因為他根本就沒那個時間。

所以當大家要求女性去承擔家務事的管理職責，又同時要求她們去做絕大部分的家務時，最終她們會承擔家庭中至少 75%的工作量，女性主義者稱之為「精神家務」，承擔精神家務意味著你必須得記住所有的事，並且將它們統籌規劃，掌握進度並達到效果。

你得記得把尿布加到購物車，寶寶又長高了 3 公分，需要買新衣服，本月全家必須去打流感疫苗，明天要把保母上個月的薪資結了，丈夫已經沒有乾淨的襯衫可以換了……

精神家務幾乎全部由女性承擔，而且是一項長期的、累人的，並且容易被忽視的工作！

對於我來說，我開始意識到這種「看不見的家務」的存在是在我結婚之後。

早上起來，我甚至會從起床的那一刻開始做家務。床旁邊堆著昨天晚上丈夫脫下來的髒襪子，我將它拿到小洗衣機裡，開始洗手洗臉，刷牙過程中看到了他弄髒的臉盆，一邊刷牙一邊清潔。走到餐桌前看到他出門前揉成團的餐巾紙，拿起來丟到垃圾桶。到了門廳，看到他找東西時拉開的櫃門和抽屜，把弄亂的部分整理好再合上。這個時候，我回頭看到了他穿著鞋子踩過整個客廳的腳印……

第二天醒來，依然如此。

那麼，男性做家務又是怎樣的呢？如果你讓他洗碗，他就只會洗碗，廚房流理臺上的垃圾他看不見，灶臺上的油漬也不會擦掉。

很多男性叫我們分配任務給他們，是因為他們根本就不想分擔這項無形的精神家務。而且很難講究竟是真的看不見，還是為了讓能者多勞，不如一次做得比一次差，最後雙手一攤，落得輕鬆。如果這個方法有用，女性們應該儘早學會這樣的厚臉皮才對。

當然，很多人會解釋說這是男女有別，天性如此。但這種行為的差異並不是天生的，亦非基因使然。

女性一出生，家庭和社會就會設定好給小女孩們玩洋娃娃和廚具，而當小男孩對這類玩具表現出興趣時就會被嘲笑和阻攔。再加上孩子們在生活裡也確實看到是自己的媽媽在管理家務事，而爸爸則只負責執行媽媽分配的任務。這樣潛移默化的影響從孩子們的幼年一直持續到他們進入成人社會，雖然越來越多的女性走入職場，但她們仍然承擔著大部分的家務。

所以我們中的大部分人，默默犧牲掉屬於自己的時間，只為了能管理好一切。那麼如果徹底成為一位家庭主婦呢？

在《看不見的女人：家庭事務勞動學》(*The Sociology of Housework*)這本書中，社會學家安·奧克利(Ann Oakley)記錄了家庭主婦從事家務勞動的真實經歷與複雜感受：

> 家庭主婦給人的感覺總是很忙，但實際上並沒有做任何有建設性的事情，不是嗎？好吧，我想它在某種程度上是有建設性的，但是從來沒有人真正看到這一點，都認為這是每天的日常工作。
>
> ……

我認為最糟糕的是，正是因為你在家，所以你才必須做這些事。即使可以選擇不這樣做，我也並不會真的認為可以不去做，我總覺得自己應該要做。

……

我認為家庭主婦同樣在努力工作。我不能忍受丈夫回家時說：「哦，看看你，一整天什麼都沒做，只不過做了一點點家事，帶了帶孩子。」但我認為這很累人，好吧，確切地說不是累人，而是像其他任何工作一樣辛苦 —— 我不在乎別人說什麼……連我丈夫都這麼說 —— 這是我對此感到如此憤怒的原因。

看，在全世界任何一個角落，家務勞動都是很難被定義、被承認、被看見的一項工作。

分工是門技術工作

上文所說的性別差異，不光表現在家事方面，其實在育兒方面也是同樣的情況。很多媽媽表示半夜孩子夜醒哭鬧、該換尿布，或是快要滾到床邊時，自己往往下意識就會醒來，可旁邊的丈夫卻依然酣睡。

所謂的母性是女性的本能，其實是個謊言，事實上世界上所有的愛都是要去培養的，從來就沒有天生的愛。

接下來，讓我們理一下需要遵循什麼樣的分工原則。首先，培養優勢。

簡單來說，就是誰擅長做什麼就鼓勵他做什麼。比如做飯好吃的人就瘋狂誇讚他的廚藝，給他鼓勵，讓他成為家裡的大廚。

家庭工作與真正的職場工作最大的區別就是，「員工」只有這麼幾個人，當然是矮子群裡拔高個了，這個時候不能拿外面的標準來要求家裡這幾位，只要在家裡做得最好，就是最好的！

也有這樣一種情況：也許他某個方面做得很一般，但他很愛做。這時候不妨果斷把分工劃給他。這是典型的快樂工作啊，多有價值感，還有助於情緒穩定。

此時更不應該太吹毛求疵。家庭工作的不同之處就是這樣，有人做就行，如果凡事都要爭個好壞，就會很痛苦，況且這份工作是沒有報酬的。

其次，管理劣勢。

有些人不擅長做清潔工作，那麼，我們不但不能把做清潔這份工作交給他，還得管理他的行為，避免他在別人的工作成果上搗亂。

這樣做有兩個好處：第一，減少了工作者的工作量；第二，減少了家庭成員間因此產生的摩擦。

保持家族成員的情緒穩定是很重要的，畢竟生活在一起，很難出現這份工作不想做了要「跳槽」的情況。

最後，誰不做事誰鼓掌。

如同專案管理一樣，每組都有渾水摸魚的成員，家庭裡也經常遇到做什麼什麼不成、吃飯第一名的「親戚」，此時就得要求這位「親戚」拿出「親戚」的自覺來，嘴甜些、鼓掌勤快些，貢獻出情緒價值。

要是這位「組員」拒絕接受，還到處挑刺該怎麼辦呢？誰是直系親屬就找誰負責吧。

我媽我管，你媽你管，管不住，就是失職，你的問題我不可能替你承擔。這個界限必須要時刻銘記在心，畢竟越級投訴可是會承擔巨大的風險呢，這一點在外商工作過的媽媽應該很有經驗。

這是屬於有組織、有紀律的專案組的遊戲規則，也就是說，是制定給能夠按照規則玩的人的。我相信，有些專案組是一盤散沙，有些專案組至少有一半人自私自利地當甩手掌櫃，有些專案組甚至有幾個油鹽不進的釘子戶。

遇到這樣的極端情況該怎麼辦呢？

各位受過教育、自視良好、姿態優雅的老母親們，請記住一句話：人生當中很多很難解決的問題至少有一半都能靠當個「潑婦」來解決，除了姿態不雅，沒有其他毛病。

這不是個完美的主意，但確實是行之有效的解決之道。

也許有些父母輩會認為現代年輕人育兒講究太多、繁瑣之極，但究根結底，還是為了孩子好，甚至於願意為難自己。誰不知道把標準放寬，工作立刻變得容易百倍，如果人人皆可腳踩西瓜皮，滑到哪裡是哪裡，豈不是皆大歡喜。

有一句萬能的回應：「還不是為了我們家小孩！」相比較那句「父母都是為你好」，可謂是用魔法打敗魔法。

想要改變現狀，男人們需要意識到他們也應承擔家庭責任，這一點單純靠他們自覺肯定是不行的，要鼓勵他們向其他表現優秀的父親學習，媽媽們也可以嘗試「裝作不會」、「放手不管」，以及「看不見工作」。讓爸爸們試著多做些工作。

媽媽們甚至可以適當放手，離家去放鬆一下，若有出差、旅行、聚會之類的機會，請不要推託，能去就去，不用為家庭和孩子犧牲一切，也不用感到愧疚，角色互換有時候比苦苦硬撐有效得多。

第八章
從孩子身上學會表達自己

回過頭去看，她 30 歲之前的人生中只有極少數時刻真實表達了自我需求。

有時候甚至連婆婆的一句「餓不餓」的問話都不好意思直接回答，只會含含糊糊地客氣地說：「不餓，還不餓。」

其實肚子裡已經咕咕直叫，她知道自己有低血糖的毛病，餓了還吃不上東西，自然情緒低落，還要強忍著，臉色看起來非常難看，甚至有些暴躁。卻始終不好意思表達自己的真實感受。

不知道有多少人和她一樣？

形成這種「毫不利己專門利人」的性格，大約有 50%歸功於她的父母及其他親屬在她年幼時的耳提面命，「你千萬要爭氣，不要像你哥一樣」、「你哥已經不聽話了，你再不聽話，我們就真的沒指望了」，還有 50%歸功於她的敏感早熟。

她還有一點自卑，這種自卑源於她的家人經常不分場合地提及「你穿這個不好看，你妹妹穿這個才叫又白又乖」、「你腿太粗，皮膚太黑，小時候醜死了，不如你妹，像洋娃娃一樣」……即便是獲得一些成績被大人誇獎時，也不忘對她的外表進行一番評價。

這種性格要說一點好處都沒有，倒也不見得。

她人緣不錯，對朋友們算得上體貼包容。同理心很強，容易讀懂別人的痛苦，也很容易理解別人的悲傷。

她很有修養，不僅待人接物有禮貌，很照顧大家的感受，甚至有時候在飯局上顯得有些長袖善舞。

同時，她對自己有很高的要求，擅長自我懷疑、自我批評與自我修正。

她還容易害羞，總認為自己所做的事和取得的成績沒什麼了不起，不值得拿出來講。習慣任何事有了好結果才輕描淡寫地告訴別人，事情沒確認之前從不肯吹噓。

她總是要求自己不僅要美，還要能幹實用；不僅要承擔責任，還要創造價值。而她對別人通常沒有什麼要求，即便有，也很樸實。

甚至願意為了友情或愛情去改變自我不正確的部分，也許不見得是自己的錯，可只要對關係不利，就願意做出退讓和妥協，即便她曾經有過堅如磐石的原則。

不止一個人誇過她「善良聰明」、「共情力強」、「好相處又好說話」。是不是看起來還不錯呢？

後來，她生孩子了。

她發現，嬰兒想睡覺會哭、餓了會哭、不舒服也會哭，直抒胸臆得如此霸道，這個毫不客氣的傢伙像一面鏡子，照出來一個彎彎扭扭的自己。

這時她才發現，原來從前的她是這樣一個身上有著諸多包袱的人。

哪怕她曾經做了那麼多看起來有價值的事情，也取得了一些成績，可它們最終無以為繼，漸漸消失在時間裡，成了她不願提及的過去。

她日復一日在生活裡沉默著，盡量不麻煩任何人，也不想驚動任何人。在長久的時間裡，成了一個「彆扭」的人。

我們需要吃喝拉撒睡，在馬斯洛需求理論的第一層生理需求還無法得到滿足的時候，何談上層需求。

連餓不餓都不敢回答的她，如何能坦蕩回答更深層的問題？其實，她真正無法面對的人，不是別人，正是她自己。

有一天，我在為我的孩子禮物講情緒認知繪本，突然停了下來，我們明明知道教育孩子正確認知自己的情緒，可為什麼我們這些大人卻總會在不高興的時候嘴硬地說「我沒有」。

我們到底在偽裝什麼？

作為情緒感知更複雜、更多變的女性，為什麼我們不肯承認自己的情緒？是期待別人主動發現，還是在期待某種更默契的關係？

作為一個成熟的成年人，我明明知道，這個世界上用語言溝通的時候都會出現誤會，心領神會發生的機率是多麼小，更何況是時時刻刻都心領神會。蛔蟲都得有個反射弧啊！

我曾經也羞於開口表達真實的想法，不敢承認自己的想法，甚至不能自如地表達內心的渴望。

我不僅不好意思表達需求，甚至還很難表達我認為會顯得「不夠成熟」的情緒，比如尷尬、害羞、天真、熱愛……我相信很多女性也和我一樣。

一個無法表達真實自我的人有多可悲呢？

你會發現，哪怕你認識了一千一萬個人，度過了十年二十年，走過了全世界，你仍然是一粒孤獨又卑微的塵埃。

你這粒塵埃是透明的，陽光無法照亮你，因為你從不曾將自己的身體轉動，讓光折射出去。

其他人永遠看不到你，你總是被忽略，總是被誤解，總是被想當然。

哪怕我擁有那麼多朋友，我也發現了自己的可悲——連最親密的朋友都不知道我的喜好和忌諱，因為我從來都不說。

後來我與很多女性友人聊起此事，大家大多表示，自己不好意思說，或者不願意表露太自我的部分，生怕惹人厭。

天啊，原來我們女性如此頻繁地表達，卻又是如此不善表達。

自我又稱自我意識或自我概念，是個體對其存在狀態的認知，包括對自己的生理狀態、心理狀態、人際關係及社會角色的認知。

人在成長過程中對於「我」的認識分為三個部分。

第一個是認識自我的特點。也就是說我有的特點你沒有，你有的特點別人沒有，這就是自我的特點。

第二個是對自我的期待。也就是你希望自己成為什麼樣的人，最好是基於對自己的認識，不然期待會跑偏。

第三個是外界對你的期待。比如在工作時，公司對你是有要求的，能不能完成這個要求，得看這個工作和你自身是不是匹配的。

我們來舉個有趣的例子。

春天，田裡長了一個蘿蔔，它剛發芽就對自己的認知跑偏，左看看右瞧瞧，自己和旁邊坑裡的黃瓜長得差不多，都是綠色的，於是覺得自己是個黃瓜。

但時間一長，它忍不住自卑起來，因為蘿蔔肯定長不成黃瓜的樣子，既沒有黃瓜的苗條，也沒有黃瓜的清香。可它依舊想成為黃瓜，於是在被挖出來放進超市貨架的時候，執意自己貼上了「黃瓜」的標籤。

它還沒來得及糾正這種錯誤，一不留神就被顧客買回家拿來榨汁，蘿蔔味道衝，加糖不行，加奶更難喝，怎麼調整都不對。

這個時候，顧客很生氣：你怎麼回事？你騙我啊！

蘿蔔覺得自己很冤枉：我也不明白這是為什麼。

但它從來沒想過自己壓根不是黃瓜，長得胖胖的不是它的錯，如果搭配它去燉肉，又滋補又好吃。

其實，它從一開始就錯了。它對自己的認知不準確，對自己的期待也不切實，更加無法匹配外界的期待。

據我觀察，生活中這樣彆扭地活著的人，不在少數。

似乎每個人都著急地想要活成別人，卻忘記了真實的自我，能夠承認自己的一切，也能夠接納自己的一切。

複製一個自己出來，你會和她做朋友嗎？會喜歡她嗎？會愛她、支持她嗎？

哪怕你知道她有很多弱點，你還是會選擇與她同行，也許她不會讓你時時刻刻感到很舒適，但她有一種讓你安心的能力。她會明確地表達自己:「我餓了，對，我餓得要死！」、「我好睏，睏得頭要掉下來……」、「我好開心，超級開心，因為證照考過了！」、「我現在很難過，心情很差，沒辦法裝作什麼都沒發生過，你傷害到我了。」親愛的自己，你也可以這樣做！

這些道理不僅要教會孩子，更重要的是教會自己。只有媽媽學會了，與孩子一遍一遍大聲練習，才能展現那些繪本的作用與對話的意義。

如果丈夫沒有按照他所承諾的那樣做，你感到失望，請直截了當地告訴他：你這樣失信讓我感到失望，不知道以後還能不能相信你的承諾。

哪怕他並不會像你期待的那樣回應你，但起碼我們講出來了！

講出自己的感受，彷彿替自己看到了這些委屈和不滿，擁抱了一下情緒低落的自己。越是親密的關係，越是需要直接描述自己的感受，這樣才能在多次的溝通中，讓對方知道這一切。

不要再自己默默承受了。試著去說出來，這才是一個擁有真正的、完整的人格的人應該做的事情。

真實的自我，能夠坦承自己的欲望，表達自己的期待和要求。「媽媽，我真的非常非常想吃一個冰淇淋！」、「媽媽，我太想你了！」、「媽媽，你能不能不要出差？」

我們在孩童時期能輕易說出口的話，長大了反而難以啟齒。尤其是女性，似乎不該有欲望，如果你大剌剌地表示：「我想要成功。」大機率會收到一片沉默。

大多數人都會這麼想：「這女的真是瘋了。」

同樣的話於男性來說，是野心勃勃、有夢想，於女性來說，就是追求物質、太好強。

女性不可以表達自己的欲望，要懂得廉恥，要甘於奉獻，要懂事，要識大體，要聽話。

從宗教到文化到經濟，幾千年來，世界各個角落都存在對女性的偏見和束縛。古羅馬法《十二銅表法》中有這樣的條文：「女人由於心性輕浮，即使長大成人了也要有人監護。」這樣毫無道理的判定，已然刻進了整個社會骨子裡。

女性也要讓渡自己的需求和權利。黑格爾認為：「女人擔任政府首腦時，國家會立即陷入危險，因為她們不是靠普遍標準辦事，而是憑藉一時之間的偏好行事。」所以他主張將女性限制在家庭領域。

女性從小就被這樣教養著長大，當她想要表達時，已經開不了口，如同本章一開始的那個她一樣。

好在近些年隨著社會的發展，女性受到了教育、參與了社會勞動、擁有了社會價值和參與的權利。

而現在的年輕女孩們也越來越懂得表達了。

我帶著孩子出門時，看到有些年輕的媽媽會平靜地對躺在地上哭鬧的幼兒說：「媽媽現在也挺生氣的，你這樣躺在這裡，我很沒有面子。」

真是棒極了！

這樣簡簡單單的一句話，只有做了媽媽的人才知道，要經過多少修煉才能講得出口。

既要承認自己的情緒，又要表明作為大人在自尊心層面受損，能夠平靜地講述這一切，真的是太不容易了！

相信自己，在做真實的自己這件事上，你會上癮的。

生完孩子之後的 5 年，我已經完全錘鍊成了一個「不要臉」的人。

前陣子的週末，禮物在家裡玩自己的電話手錶，想到他去上幼稚園的 5 天裡居然沒有跟我聯繫過，又想到我咬牙買下這只昂貴手錶時的心情，突然有些不爽：我花這個錢，不就是為了讓你跟我聯繫更方便嗎？結果你一通電話一個訊息都沒有！

想到這裡，忍不住怒從心頭起，我開口了：「禮物，你上幼稚園的時候想媽媽嗎？」

「想啊！」他連頭都沒有抬。

我更氣了：「那你怎麼一通電話都不打給我？我還傳了訊息給你，你也沒有回覆我。」

禮物茫然地抬頭：「噢，我沒看手錶。」

嘿！你小子，果然是沒有意識到我到底在說什麼，那就讓我更直白一些！

「下週你能不能在想我的時候，打通電話或者傳個訊息給我？讓我知道你在想我。不然你說你想我，我感受不到。」

禮物欣然同意。

於是，接下來那週，我每天都會接到禮物的來電，心情也舒暢了許多。

透過和孩子之間的練習，我也學會了主動表達自己的訴求。以前有些客戶總是拖著不願意結帳，我也不好意思去催她們。事實上很多時候我還是很需要她們儘早結帳的。

現在我不會為這樣的事情糾結了，再遇到這樣的情況，當然是立刻傳訊息給她們，告訴她們我的需求囉！

沒想到在養育孩子的同時，也重新養育了一遍自己內心的那個小人。接觸了許多曾經被自己忽視的細節。其實我一直都知道，卻不敢去觸碰。

畢竟我是一個被原生家庭、父權、殘缺人格、敏感情緒、社會認同等觀念裹挾著長大的女人，在此中平衡一直是我的夢想。這幾年我終於了解，平衡不過是幻想而已。

沒有什麼比做自己更加有意義，自我才是生命的源頭與力量。

這是無法平衡的，自我無法被掩蓋、被平均、被委曲求全，它只要給點關注就拚命生長，最後以不可阻擋之勢，成為你再也無法忽視的存在。

然後任由你去苦惱掙扎。深夜輾轉難眠之時，它甚至會在一旁暗暗嘲笑幾聲，巴不得你聽到。

不知其他人是如何忍耐的，我這樣的急性子，沒被嘲笑幾次就忍不住要翻臉，翻了臉，再也無法佯裝不知。於是假惺惺地被塑造起來的「我」，終於敗下陣來。

自我就是這麼讓人無奈，它可能不完美，可與它站在一起，卻又是那樣篤定，那些飄來蕩去的愁苦與虛無漸漸消失了，感覺更有安全感了。直叫人無以言表地暢快！

這個過程需要持續的、不斷向內的探索和發現。

有一段來自攝影師寇德卡（Josef Koudelka）的採訪：「我不習慣談論自己。對世間的看法盡量不在意。我知道自己是什麼人，不想成為世俗的奴隸。如果你總是停留在一個地方，人們就會把你放在一個籠子裡。漸漸地希望你不要出來。」

你是否願意為發現的過程去付出，或者去承擔相應的責任？真正能給你答案的，可能只有你自己。

關注自己的感受與想法，努力提升自己，依靠自己，不要以他人的肯定來評判自己。

我就是我，努力的我、失敗的我，都是我。被人喜歡的也應該是真實的我，而不是我製造給別人的假象。

真實的自我的可貴之處在於：它會讓你感到終於有一個人無條件地、毫不猶豫地、永遠地站在自己的這一邊。

你與你的自我，並肩作戰，永不孤獨。

第九章
一切的前提是愛自己

愛自己是終身浪漫之始。

——奧斯卡・王爾德

這幾年，很多自媒體、綜藝節目都會提到「人一定要學會愛自己」，對這個概念沒有實際認知的人，會覺得這個議題是廢話，因為生物生來自私，這難道不是天性使然嗎？誰還不會對自己好、誰還不會愛自己呢？

在消費主義的浪潮下，直播主們會告訴你：遇到自己喜歡的東西就買、心情不好就吃頓好吃的，這樣就是「愛自己」。

但是有很多人會說，雖然我買了想要的衣服、吃了一頓甜點，當下覺得很高興，可很快就會覺得並沒有預期那樣快樂呢。

甚至很快就重新變得不快樂。

當你找到真實的自我時，做什麼才是真正的愛自己呢？我認為這句話不僅僅是一個口號，更是一種體驗和能力。

「愛自己」在亞洲文化中並不常見，它其實是一個比較西式的概念。這就是為什麼我們的社會中提及這個說法時，很容易被解讀為給自己一些物質上的補充，而不是給予自己心靈上的關注。就像「富養孩子」的概念展現在實際行動上時，大部分亞洲的父母還是會偏向物質上的給予，滿足孩子物質上的需求。

當然，對一些長期壓抑各種需求去照顧家庭中其他成員的女性來說，學會坦然地在自己身上花錢，也是意義重大的一步，確實是愛自己的開端。

只不過，作為一個孩子的母親，只有先探究「愛自己」背後的深層意義，才能終生受用。

與「我」和解

至今我還總能聽到我爸爸提起，幼年的我有多麼黏人，自稱為爸爸的跟屁蟲，爸爸走到哪裡跟到哪裡。夏日的晚上他去體育館看籃球賽，即使我睏得要命也要跟著去，哪怕躺在爸爸懷裡睡覺都可以，什麼也不能阻止我跟著他。

可我爸爸是個什麼樣的人呢？他是一名不苟言笑、脾氣暴躁的軍人。

時過境遷，爸爸講述這些事情時，依舊會感嘆我簡直是上天派來治他的。從前我十分不解，當我做了媽媽，生了一個高需求的孩子時，才真正體會到了其中複雜的心情。

禮物是個高需求的孩子，這一點從他出生起我就意識到了，但很多人並不能想像養育高需求寶寶的生活，他們經常說：

「都是你慣的！不要抱他，讓他哭幾次就好了！」、「還不是你一個人帶孩子，不讓他出來見世面，他才那麼黏你！」、「你就別管了，交給父母或者公婆，次數多了孩子就適應了！」

……

難道我沒試過嗎？

禮物不到兩個月的時候，有一天早晨五點半他哭醒了，我只好抱著他起床，到了八點我已經睏到不行，他還是不肯睡，一直哭哭啼啼的，我又惦記著洗衣機裡的衣服還沒洗，不然下午禮物會沒有替換的小褲子和小毛巾。

情緒崩潰的我，忽然想起以往令我嗤之以鼻的那些話：「都是你慣的！你讓他哭幾次就好了！」

好吧，行，既然想哭就哭個痛快，難道我還治不了一個嬰兒嗎？

其實，這明明就是瞎較勁 —— 跟那些我不好意思反駁的人較勁，跟自己的無能和憤怒較勁，跟自己身體的疲倦較勁。

結果不用說，一定是以我的失敗收場。

對孩子能有什麼招，他只要倔強著一直哭，我總有受不了的時候。

再次抱起他，雖然他哭到抽搐，但還是一如既往地將小腦袋靠近了我，那一瞬間我心裡又挫敗又愧疚，後悔得不得了。

可是這種情況還是發生過數次，雖然次數不多，但也足以讓我對自己的「失敗」有了新定義。

很多人說做了媽媽就要與全世界為敵，但最終，我還是選擇了與全世界和解。這個全世界就是「我」。

所謂和解，一次根本不夠，隨著孩子長大，你會發現自己總是需要這樣做，好在和解這件事情，做的次數越多，就越嫻熟。

每次在 IG 上看到小泳池裡怡然自得的嬰兒，我都很羨慕，因為禮物從出生開始就害怕獨自待在泳池裡，也許他在想：「為什麼我要套著一個不知為何物的奇怪東西，四肢漂浮在水中無依無靠，太恐怖啦！」

我帶他去不同的嬰兒游泳班嘗試過大概五次，想要引導他接受，但他每次都嚎啕大哭，哭聲中還帶著恐懼。

在旁邊看著自己家孩子游得歡快的媽媽們都輕鬆自在地跟我說：「沒關係的，哭幾次就好了。」

游泳班的老師說：「你家寶寶這樣是不行的呀，只有多游泳才能開發早期的運動智慧，嬰兒愛水是天性，你就是沒有抓住最適合的機會，現在幾個月大了，早就忘了在媽媽肚子裡泡羊水的時光啦！」

我腦中嗡嗡作響，耳邊只有禮物的哭聲，不禁心亂如麻。為什麼非要游泳呢？我就不會游泳，不是也好好的嗎？

想到這裡，我一個箭步衝上去，把哭得渾身發紅的禮物從水裡撈起來抱在懷裡，精心搭配的衣服溼了，可我毫不在意，撥開衣服為他哺乳，禮物吃到母乳，情緒快速穩定了下來。

別人家的孩子再好又如何，這世界上我只愛一個孩子，就是禮物。羨慕別人家的孩子做什麼呢？

為此較勁，讓禮物受苦，讓自己難受，又能如何？

後來，禮物長大了，5 個月會坐，7 個月不到會爬，1 週歲走起路來穩穩當當，2 歲時打乒乓球有模有樣。

事實證明，他的運動智慧很正常，甚至高於普通程度，我這個老母親同時也學會了一課：禮物成長的每個環節，都會引發我一系列與自己較勁的心情，如果我學不會與自己和解，就會反覆莫名其妙地生氣，這是何必呢？

那些百思不得其解與突如其來的較勁，追根究柢，無非是「對自己不滿意」的心理投射。

後來，我又遇上了禮物無法獨自上啟蒙班、不喜歡和其他孩子交流、物權意識很強拒絕分享等一系列讓我感到心力交瘁的時刻。

好在我鍛鍊出了一套迅速「與自己和解」的能力，不和自己較勁，也就越來越少生自己的氣。就這樣慢慢放下了對自己的敵對情緒，眉頭放鬆，認同內心的自我，逐漸感受到自己也有很多「可愛」之處。

而禮物敏銳地感受到了老母親的放鬆與自信，也跟著放鬆下來，那令人聞之色變的成長敏感期反而比我預想中過渡得更自然。

不得不說，這樣的學習過程，真像是一場修行呢。

愛是可以習得的本領

事實上，不僅僅只有母愛是由媽媽們逐漸培養出來的，這個世界上其他的愛也都是需要習得的。

也就是說，當你學會愛自己或者愛別人之前，「愛」是無法憑空萌生的。

一個孩子要先被愛過，他才知道那是一種什麼樣的體驗。別人曾經這樣對待過他，他才會照貓畫虎地學著愛父母，長大了學著愛朋友，再大一些，當內心產生愛情時，與伴侶建立長久的親密關係。

一個沒有被愛過的孩子，是不可能憑空去愛的，哪怕他能感受到自己擁有這樣的情感，但他無法將這種洶湧的情緒穩定地用行為表述出來，所以也不能稱為「懂得愛別人」。

心理學裡有一句話說：只有被恰當對待的人，才能夠恰當地對待別人。換句話說，不能要求一個「沒有得到」的人去「給予」。

曾經有一位友人，原本在跟我傾訴戀愛中的苦惱，聊著聊著講起自己小時候的故事。

她講到，家裡除了她還有一個弟弟，父母對弟弟特別好，在很多方面經常偏心兒子。即使這樣，她還是很懂事，覺得自己是姐姐，不能嫉妒弟弟。

暑假裡尋常的一天，父母出門上班，她和弟弟在家裡吃西瓜，弟弟不小心把西瓜汁濺到了雪白的沙發罩上。這下完蛋了，她很緊張，因為她知道媽媽很愛乾淨，這回肯定要遭殃了，弟弟一人犯錯，他倆都得挨罵。

當時只有七八歲的她努力想了一個解決的辦法，她連扯帶拽地把沙發罩拆下來，用洗衣粉草草洗過之後，又放在太陽底下晾了一個下午，趁父母下班回來之前，原封不動地套回沙發上。

然而她媽媽很是細心，一進門就發現沙發罩皺皺巴巴的。

可是那幾天，她的媽媽什麼話都沒有說，既沒有罵也沒有打他們，甚至沒有多問問沙發罩的事情。

這就彷彿一把達摩克利斯之劍，時刻懸在她腦袋頂上。不知道什麼時候落下來的那種惶恐不安是最讓人難受的。

從那時開始，她學會了與人冷戰。

我問她：其實你是冷戰的受害者，怎麼長大後反而變成了冷戰的加害者呢？

友人很困惑，她說自己也不知道為什麼會變成這樣，她明明知道冷戰的滋味不好受，她的男朋友也經常抱怨這種方式很傷人，可她怎麼都改不掉。

那時候我們都太年輕，還沒有足夠的經驗來判斷這樣的情況是如何產生的，但現在回過頭看，自然也就明白了，這就是情感流動的方式被一代一代繼承下來的模樣啊。人在情感中一旦受挫，有些人冷戰、有些人摔東西、有些人口不擇言地攻擊對方的弱點、有些人甚至會家暴……

這樣做的人，難道不知道這些行為是錯誤的嗎？他們當然知道。

但他們只知道不應該這樣做，卻不知道如何做才是正確的。回顧曾經，是因為他們在成長的過程中，沒有人用正確的方式對待過他們。

長期被冷戰的孩子，長大後更容易用「冷戰」的方式處理情侶間的吵架，被暴力對待過的孩子，情緒崩潰時大機率也會用同樣的方式發洩。

要想打破這種「遺傳」，就要從愛自己做起。

小時候經歷的事情已無法改變，可作為成年人，萬事都推到原生家庭上去，是不是也太沒有自我能動性了？

愛，是一種需要習得的本領，一種雙向互動的能力。

我用了很久的時間先找到自己，再接納自己，然後開始學會表達自己、學會有效溝通，最終做到愛自己。

有位作家曾寫過一句話：「最可怕的不是他們都不愛你，而是你自己不愛你。」

是啊，如果你把浪漫、溫柔、耐心都給了別人，又拿什麼給你自己。

前陣子電影院上映《梅豔芳》，作為看著這一代轟轟烈烈的港星唱著「路上紛擾波折再一彎，一天想到歸去但已晚」的「七年級生」，此時已經成年的我才看明白了那些歌曲裡的意思，一時間很有感觸，原來萬人敬仰的大明星也有那麼多無法排解的情緒。

梅豔芳曾經在訪談裡屢次提及自己羨慕平凡女人結婚生子的生活，她不貪富貴，只求真愛。她也曾提道：「我已經有那麼多年為人家而活，現在的我應該找回自己。」

好在梅姑從不後悔，愛上舞臺，愛上表演，也愛著這樣的自己。

並非一定要結婚生子才是最佳歸宿，如果一個人能夠求仁得仁，即最開心。

求仁得仁的前提是知道自己想要什麼，將時間、精力用在自己身上，用能量和愛來滋養自己，不然如何在紛擾的世界中堅定地走下去、如何保護我們的孩子、如何讓我們精心養育的孩子也學會愛自己？

一個不愛自己的人又如何能夠善待自己？難道要看著孩子們長大之後也和自己一樣為難自己，鑽進死胡同中做一隻困獸？

愛和快樂首先要源於自我，學會給予自己才是最重要的。當你足夠愛自己的時候，你的幸福感才會不斷地提升。

這個時候，你再把愛分給其他人，可無論分了多少出去，你自己永遠排在最前面。只有愛自己，才能在內心擁有一架源源不斷地發電的發電機。若我們無緣在兒時便獲得這架「發電機」，也不必慌張自責，因為我們都長大了，大到足以用自己的力量重建它。

架好了愛的發電機，習得了愛的能力，才能讓這樣的「好基因」一代一代傳下去，讓孩子不必再經歷一遍自己經歷過的苦惱與挫折。

愛自己是一個終身課題。愛是所有感情裡最深刻、最複雜、最具有影響力的，請永遠記得，你值得擁有它！

以身作則地愛自己，是媽媽送給孩子最有價值的財富。

第十章
勇敢拒絕，學會說不

對很多討好型人格、自我滿意度低的人來說，最艱難的一件事就是拒絕。

這就意味著，無論處於何種關係中的他們，永遠是付出的人，永遠是被動的人，永遠不是被滿足的人。

不僅如此，討好型人格的人會縱容對方不斷索取，繼而將對方的錯誤合理化，甚至歸咎於自己。

很多人會發現，大多數內在不平等的關係很難長久，它的結果一定是崩壞，然後走向分離。

親子關係中，也有很多媽媽總是在做老好人，不忍心拒絕孩子，害怕傷了孩子的心，所以只能逼著自己盡力去滿足孩子。

不能不說的是，曾經的我也經常在各類關係中感到委屈，那種委屈是細微的、來自內心深處的黑洞。如同日積月累形成的河床，即使雨水季節不會暴露出來，終究也會在情緒乾涸時重見天日，太陽一晒便滿目瘡痍。

為什麼會有這麼多委屈呢？

因為即便有一千個一萬個不願意，我始終說不出口那個「不」字，於是便做了很多違背心意的事。

這些事99%都是些不說憋屈說了矯情的小事，可造成的壓抑感卻讓人如鯁在喉。

有位心理諮商師曾說過：

「一個人對外界妥協得越多，未來做自己的成本就越高。因為那個妥協的自己更容易誘發他人的自戀與退行，讓對方下意識地想去索取、掌控、侵入、租借、占據等。」做自己，就是要對所有以這種自我形態建立起來的關係模式進行顛覆，在那個過去總是適應別人的位置，交出自己的一部分真實性讓他人去適應。「這是值得的，因為那是一個人心靈上的自由領地，圍繞著它所形成的心理邊緣即是界限。它不需要對別人的領地進行殖民，但可以攔截他人的自戀擴張。」

想成為一個擁有完整的獨立人格的個體，拒絕他人、劃定界限是我們必須要做的事。

邊界感來自拒絕

有些人會自我懷疑，我是不是一個很難相處的人？面對自來熟的人、過分熱情的人總是會有不適感，內心也是排斥的。

其實，這只是你「邊界感」較強的展現。

邊界感指的是能意識到自己與他人之間的清晰邊界。不會因為太熱情而造成他人不適，不會強迫別人一定要做什麼，更不會用道德綁架別人。

邊界感是為彼此畫出一條線，不單單是為了讓彼此之間保持一個適當的距離，使我們更加自由、更加自主，而且也減少了互相撕扯、互相內耗的問題。

劃定一定的邊界有利於我們弄清楚某些觀點，它未必是事實，但這並不會跟我發自內心地欣賞對方產生矛盾，因為我欣賞的正是他作為一個獨立的人這一點。

在邊界感舒適的相處中，人是舒服的，關係是放鬆的，交流是平等的。

不管是職場還是家庭生活中，很多衝突、矛盾、不爽和委屈，其實都是因為邊界問題而引發的。

這種情況的產生，有複雜的社會原因、歷史原因、文化原因等。畢竟從前的居住條件就是一個家十幾人擠在一起，連足夠的空間都沒有，更別提邊界感了。很多年輕人的行事習慣也從老一輩人身上沿襲下來。

邊界感模糊的人容易做出什麼事呢？

他們過度干涉別人的生活、過度關心別人的隱私、干預和評價別人的決定、想要他人為自己的情緒負責或自己為別人的情緒負責等。很多時候，那種不適感像一股寒風，雖然不致命，但持久綿長。

邊界感被破壞和長久的缺失會讓人產生一種誤解：拒絕別人是自私的、不道德的、不懂事的，這也是一九五〇年代的父母教育一九八〇年代人的一貫宗旨。

既不能拒絕別人的入侵，也不能提出自己的需求，於是自己內心的領地就這樣被人侵犯。時間長了，自然會自暴自棄、自我否定，此時若是有人拿一點正面的情緒來引誘，拒絕的話就更難說出口了，之後更加懊悔自責。

最後陷入討好、低自尊的死循環，一個「不」字能解決的問題，生生演變成了一個巨大的人格摧毀現場。

從前我上班時，辦公室裡就有這樣一位男性——他一開始請求別人順手倒杯熱水，或者借刷別人的悠遊卡，一次兩次後發現自己不會被別人拒絕，後來便發展為將自己的工作內容推給別人，甚至犯了錯也順手「甩鍋」。

整個辦公室因為他一個人四處攪渾水，導致大家的工作熱情都受到了影響，後來我的直屬上司只能給他一個人安排單獨的工作，盡量不與其他人配合，以免再發生推諉，導致專案進度受影響。

而我們整個辦公室的人，也學會了在他開口之前就將他的嘴巴堵上，當他問我們：「我看你現在閒著，這個表格你順手整理一下吧。」

有的人會正面回應：「我還有一堆工作要做，我可不閒！」

有的人會立刻跑路：「哎，肚子難受，我去一下洗手間。」

有的人掌握了絕佳竅門：「為什麼我要替你做你的工作呢？」

一來二去，這個人四處討不到一點好處，最後只能自己做。不過總有些新員工或別的部門的同事不知底細，上了當才反應過來。

這樣的人會改正自己嗎？根本不會。

前陣子我與前同事聚餐時，大家提到他時講到他的近況，與 10 年前我在辦公室裡看到的一模一樣，他根本沒有變化，甚至比從前更加厚臉皮了。

我要毫不客氣地說，生而為人，一定要明白，這個世界上有一些人並不是那麼善良的。他們擅長在任何環境裡迅速找到最容易妥協的人群，反覆試探、入侵這類人的邊界，得到默許之後，便開始肆無忌憚地利用他人的弱點逼對方就範。

你的不拒絕，只會被他人利用，且毫無感恩之心。

甚至有人將這一套入侵他人、控制他人的手段發展為完整的操作系統，也就是所謂的 PUA。

有位心理學專家說：「小孩被罵了，反應通常是生氣，這就是原始反應。而現代教育教人繞開原始防禦機制，要接受讓你痛苦的事，要忍住不生氣，要覺得別人對你是對事不對人。這就是為什麼很多高學歷的人反而容易在職場被主管 PUA，很多自身條件很好的女生也很容易被不懷好意的男性 PUA。」

可能有人會很困惑，我如何才能知道自己的邊界在哪裡呢？

首先，要相信自己的直覺。當你感到不適，一定是作為生物趨吉避凶的本能在向你發出警報，不論不適程度如何，都應該在此時及時叫停對方的行為，哪怕是避開，都比硬生生勸自己忍著要好很多。

其次，確定自己的邊界是一個長時間的過程。先找出自己最不能忍受、感受最糟糕的部分，先拒絕它們，再細化其餘的部分。最重要的是區分開哪些是自己的事情，哪些是他人的事情。

例如與別人交談時擔心自己的語氣不合適會惹別人不開心，太在意別人對自己的評價，發個 IG 也擔心別人怎麼看自己。這些事裡面自己能控制的是個人因素，不能控制的就是外界因素。

有一句話看似是歪理，卻也有些道理：我這個人很好相處，如果跟我相處不好，就找找你自己的原因。

最後，我們要明白的是：邊界也是會變化的。

今年讓你感到被冒犯的言語，也許隨著心智成熟，明年再聽到時只會淡淡一笑，根本不放在心上。而去年沒有意識到的冒犯，今年卻敏銳地感知到這種言語的不恰當。總而言之，邊界感的存在是為了拒絕那些偽裝成愛的傷害，保護好自己的內心和情感。只有被保護著的自我，才能更好地給予別人純粹的愛。

被看見與學會說「不」

當一個有邊界感的媽媽遇到一個處於秩序敏感期的寶寶，到底是火星撞地球，還是河流奔向大海？

所有媽媽應該都體驗過「Trouble Two」（麻煩的 2 歲）的可怕。

2 歲是孩子自我意識開始形成的時候，他們懂得了什麼是「自己」，開始試圖探索自己和世界的關係，也開始渴望對事物有自主決策的能力，這個時候的寶寶會從「小天使」變身為「小惡魔」，因為他到了人生的第一個叛逆期啦！

禮物作為一個高需求寶寶，從 1 歲半左右就開始了自己的「T2」階段，而我每天在「盡量讓自己情緒穩定」和「此時罵他還是一會怒吼」中反覆橫跳，不僅會自我批評，還會產生自我懷疑。

寶寶痛哭流涕的情況幾乎每天都要發生，很難說什麼時候會突然爆發，而爆發的原因也是防不勝防。

可能是禮物讓我必須幫他先穿鞋再穿褲子，也可能是我在電梯裡沒有讓他按 1 樓的按鈕，又或者是上一秒想要球但下一秒又不要了……

如果只是在家裡這樣胡鬧，我還能忍，反正就我們倆在家，空間安全、人員安全、環境安全，但這種情況在外面也經常會發生。

最讓我的耐心耗盡的兩種環境，一種是在車裡，一種是在餐廳裡。

在這兩個環境中，我既不能置之不理，也不能立刻滿足他的需求，但他的號哭又會對周圍環境產生影響，實在是很難處理。此時讓一個 2 歲的孩子聽話是很難的，畢竟他既不能聽懂你的意思，也不能完整表達自己的需求。哪怕我們已經提出了解決方案，他也完全不接受，自顧自地沉浸在自己崩潰的情緒裡無法自拔。

這種情況發生了幾次後，我餓狼般地補了很多育兒知識，然後一一進行了實踐，發現其中最好用的一個安撫話術是「看見孩子的情緒和需求」。

簡單來說，先重複孩子提出的需求，再幫助他說出他的情緒。「我按！媽媽不按，讓我按！」

「電梯按鈕讓禮物按，禮物想自己按電梯按鈕，是不是？媽媽按了，禮物生氣了對嗎？啊，禮物現在生氣了，他哭了。」

當我這樣說出他的需求和描述出他的情緒時，能夠明顯感覺到他原本緊繃著的情緒放鬆了一些。雖然孩子還是在哭，但不會像剛開始那樣失控。

如果他還是反覆講剛才的話，有一種好像沒聽進去的感覺，那麼我會繼續這樣跟他表述。

十分鐘後，禮物就會平靜下來，這個時候我會跟他道歉：「對不起，剛才媽媽一著急，沒有讓你按電梯，現在你自己來重新按一次，可以嗎？」

基本上在這個節點，他會接受我提出的解決方案，安撫也就成功了。老母親真是長舒了一口氣。

就在我學習如何看見孩子的需求和情緒時，同時發現了一個重要又有趣的事情：這不正是我所需要的東西嗎！

成年人的世界通常習慣先解決問題，再安撫情緒，或者乾脆忽略情緒，可是這種模式真的對嗎？在親密關係或親子關係中卻正相反，得先看見情緒，再解決問題。

尤其是長期被孩子的情緒「壓榨」的媽媽們，正是最需要被伴侶、被家人、被朋友、被社會「看見」的人。

尤其是那些一直沒有機會練習向他人表達自己需求的女性，孩子是她們最好的練習對象，因為孩子既不會嘲笑她們，也不會過度引申。

我們都忽略了，「被看見」的那一刻，就是自己被愛著的最好證據。

禮物 1 歲多學會了說話，而我學會了跟他說「我愛你」，他會口齒不清地回答「我也愛你」；我不僅學會了誇獎他，還鼓勵他也誇獎我的優點。我們都學會了好好說話。看見與被看見，是一個人與另一個人理解與被理解的過程。只有建立在理解之上，才會產生真正的、發自肺腑的愛。

只有擁有被看見的自信，才能不假思索地說「不」，才能在被試探的時候就強硬拒絕，避免之後被欺負、被霸凌（這恐怕是每個媽媽最擔心會遇到的噩夢）。

只有知道自己會被看見，才會將那些不想輕易流露的內心，裝作不經意地露出一個小角。

當沉重的祕密被看見，內心的地下室被打開一扇小小的天窗，空氣會帶來流動，陽光會穿透黑暗，我們才能向人生中遇到的所有不善良和惡意，勇敢地說「不」。

家長與孩子之間也要有邊界感，對內，自己要有自己的原則，對外，要告訴別人，自己有哪些雷區是不能碰的。

我從小就不喜歡別人動我的東西，誰動我就跟誰翻臉，這一點我從一開始就告訴了禮物，所以他從 1 歲多就知道媽媽的東西不能動。當禮物 4 歲時，也擁有了自己的祕密基地，書架上專門放了一個小櫃子，裡面是他很寶貝的東西，我還送給他一個密碼鎖，告訴他如果有不想與別人分享的寶藏，可以鎖起來收好。

我不動他的東西，他也不損壞我的東西，彼此都有自己的領地。這種互相告知邊界的行為，可以避免別人在不知情的情況下，對你造成不必要的冒犯。

邊界一旦明確，一方面能幫助孩子對內看見自我和情緒，另一方面也令他們透過學習不踩別人的雷區，去看見別人的自我和情緒。

以上這一整套處處說「不」的行為，從根本上是在學人與人之間的互相尊重。

通俗一點說，你能拒絕我，我也能拒絕你，這是我們擁有的權利，如果連說不的權利都沒有，我們豈不是成了階下囚？

養育孩子的過程中也要雙方平等，包括家長沒有必要為了孩子的需求，一味地犧牲和壓抑自己的需求，否則時間一長，家長的心態很容易崩。

今天因為不忍心而沒有拒絕別人，明天礙於面子沒有明確說「不」，後天被環境輿論影響委曲求全，這樣的委屈一直壓在心裡，難免要找機會爆發出來。與孩子關係最密切的媽媽，很容易在孩子面前情緒崩潰。一個情緒不穩定的媽媽，不僅折磨自己，也會不利於孩子的情緒穩定。

如果一個人不能自我覺察、愛自己、用邊界來保護自己，就很容易有不好的結局。張愛玲小說裡的曹七巧，陷入了金子做的牢籠裡，不甘、委屈、痛苦都不能被看見，於是日日夜夜化成了心魔，也把自己的兒女一併拉入裡面，乾脆永遠困在一起，誰也別跑。

更別提在這個過程中，這些行為模式還會影響孩子，再回饋到孩子的整個人生當中，每一個與其相處過的人，都會被或多或少地影響到。

現在回憶起我在校園裡、職場上遇到的一些相處愉快又不卑不亢的同齡人，他們懂得在恰當的時機拒絕別人，同時也避免了自己被捲進沒必要的麻煩裡。

當我們從「養育」這個詞的既定概念中跳出來，會發現育兒也是在育自己，養兒也是在養自己。富養的根本其實在媽媽，而不僅僅是孩子。不管是大人還是孩子的需求，都值得被尊重。

家庭養育就是建立長期平等尊重的溝通模式，尊重孩子的發展規律，把孩子當成是一個獨立的、有自由意志的個體去對待。

學會說「不」，既是媽媽自己的進步，也是孩子的進步，我們要學會尊重孩子的想法，有分歧的時候，應該有商量的餘地。而商量的本質，是能夠在交談中探索出一個你我都能接受的辦法來，而不是用所謂商量的口吻讓孩子非聽大人的不可。

我永遠都記得禮物在 1 歲多時連著說「不」的樣子，可愛、執著、堅定，是他作為一個獨立的人該有的樣子。正是他的這一連串「不」，教會了我看見自己的情緒與需求，補上了「學會拒絕」這一課。

從此我真正明白了建立在尊重與平等上的愛，是自由的、獨立的、歷久彌新的，擁有源源不斷的動力。

孩子對我的愛，讓我也有了「被富養」的機會，這大概就是做媽媽的幸運吧。

第十一章
別再加演內心戲

不知道多少人注意過，大人的情緒失控有一個很隱祕的原因——自己加戲給自己。從孩子的無心之過或者很小的舉動中引出過多假想，自己內心加了很多戲，然後情緒漸漸複雜起來。可是孩子不可能看透大人的心理，隨後的反應多半會進一步刺痛大人。於是大人的情緒徹底失控了。

像禮物這麼大的孩子，一般都會刨根問底，逮住什麼問什麼，很多時候我都覺得這傢伙可能只是因為閒得慌。

日常中我們對話的範圍非常廣泛，禮物也會問到很多讓人無法回答的問題，而且他的記性還特別好，之前我說過的話，他會拿出來佐證，所以我常常會被問住。

我總是會被他問到有點抓狂，不耐煩中總覺得若自己回答不上來就會丟臉，只有回答出來才能顯示出大人的厲害，所以很多時候我會偷偷在網路上搜尋答案，然後硬著頭皮解答。

有一次，我一邊開車一邊回答禮物的問題，突然有一秒我感覺沒辦法再努力回答下去了，於是我坦然地說道：「不知道。」

禮物的反應比我想像中要平靜，他聽完之後便接受了，並沒有繼續追問，也沒有其他情緒。

這時我才意識到，那些「必須知道」的壓力，其實是我自己加給自己的戲，人家小孩可並沒有這麼要求大人。

當我拋開了「家長一定要什麼都知道」這個束縛，整個人都舒服了許多，我在禮物面前做自己就好，不知道就是不知道，不用想太多。

事實上，他也不會對我產生什麼不滿。

通常這類問答場面還是挺溫和的，偶爾也會有不溫和的場面，比如他跟我鬧起來時，甚至會動手。

面對禮物情緒失控這件事，我一直都本著「溫柔且堅定」這個原則，偶爾發火，最多也告誡幾句，告訴他你這麼做我真的很生氣。禮物是個膽小聽話的孩子，負面情緒被接納之後能很快意識到自己的錯誤，然後跟我道歉，這樣的衝突很快就過去了。

一直到他 5 歲開始有了明顯的慕強和跟人比較的心理之後，我的情緒就沒有之前那麼平和了，常常因為他的言語而受刺激，表面上佯裝鎮定，內心卻暗流湧動。

有一次他做了錯事我罵他時，他忽然對我說：「你不愛我！」那一刻我的心被戳了個大窟窿。

我不愛你？我生了你，養了你，在你很小的時候，是我獨自日日夜夜守著你，給你吃給你喝，你現在跟我說我不愛你？這是多麼傷人的話啊！

幾年的委屈一瞬間湧上心頭，渾身上下都有一種缺氧的窒息感，如果是在武俠小說裡，我大概馬上要氣絕身亡了。

我立刻深呼吸了幾下，轉過頭不看他，雖然跟自己說冷靜冷靜，可腦子裡的小人已經在怒不可遏地用手拍禮物的屁股蛋了！

但我畢竟是大人，十幾秒鐘後還是恢復了神智，我問他：「你真的覺得我不愛你嗎？」

禮物哇的一聲哭了出來，哭哭啼啼地回答：「不是。」

看著他的樣子，我大概明白了他的想法，又繼續問他：「那你為什麼說我不愛你？」

他撲進我懷裡：「你剛才太凶了，所以我才那麼說。」

原來是這樣，他將自己的感受說了出來，而不是下了一個可怕的結論。

那天我用了一些時間跟他解釋，媽媽的態度並不會影響我對他的感情，愛是不會變的，永遠都不會。並且告訴他，剛才他說的話讓我很不好受，他應該跟我道歉，並且以後不可以這樣說了。

此時反觀自己在成長過程中說過的話，真不知道青春期時說的那些叛逆的話父母是怎麼消化的！既然一定會面臨這一天，不如早早讓自己鍛鍊出堅強的心智。

同時，在這個過程中我也一直在進行自我反思，我問自己：為什麼有時候孩子輕飄飄的一句話，會讓我那麼難受？是這些話讓我憤怒，還是我被話語之外延伸的情緒所觸及？這些時候我的眼裡帶著怎樣的情緒，是恐懼，還是無助？

加戲的背後

在詢問自己的同時，我也在觀察其他父母與孩子的交流和衝突。

有一次在餐廳裡吃飯，因為人很少、音樂聲音很輕，鄰桌正常音量的交談幾乎都可以被聽到。我在等菜的間隙，聽到從隔壁桌傳來的談話聲，資訊量挺大的：

「你快吃一口這個菜，這個是茭白筍，可不便宜呢，你奶奶肯定捨不得買這麼貴的菜給你吃，多吃點。剛才鋼琴老師說你了，你聽見了吧，你這個年齡就是要營養均衡，大魚大肉特別不健康，你一個女孩子，既然學了鋼琴，得保持氣質優雅，長得太胖可就不優雅了！你見過幾個鋼琴家是大胖子？哎，剛才你爸說你爺爺今天好像不太舒服，這樣吧，我們現在跟他視訊一下，你多說幾句話，讓爺爺奶奶高興高興……喂？爸，今天我帶孩子上課，正在餐廳吃飯，嗯，對，您今天不舒服嗎？噢，這樣啊。快別吃了，跟爺爺奶奶說句話……你怎麼還沒吃完啊，剛才就夾了兩片，現在還是這麼兩片。」

這番話當中，這個小女孩除了發出輕輕的嗯嗯聲，沒有做出任何其他回應。我當時不禁在想：如果我是這個女孩，應該也會跟她一樣的反應。

這位女士的表現讓我驚訝，一會要吃，一會不要吃，一會又埋怨孩子吃少了。前腳擠兌了孩子奶奶，後腳又透過視訊讓孩子做樣子給爺爺奶奶。

雖然我不知前因後果，但這一番話，實在很難讓孩子與對方交流。這位媽媽既不在乎孩子的看法，也不在乎孩子的感受，說了那麼多，幾乎全都是自己在自導自演。

我突然意識到，這也許就是我們這些成年人常有的行為，無端賦予事物別的意義，還在話語中加入許多內心戲，明明是一句很簡單的話，卻一變二二變四，最後成了一件很複雜的事情。到最後，連自己也處理不了，於是更加忙亂無助，最後往往惱羞成怒起來。

踢貓效應，即一種典型的壞情緒的傳染。人的不滿情緒和糟糕的心情，一般會沿著等級和強弱組成的社會關係鏈條依次傳遞，由金字塔尖一直擴散到最底層，而無處發洩的最弱小的那一個，則成為最終的受害者。這種現象在家庭關係裡表現得淋漓盡致，家長在外面受了冤枉氣，不敢在公司裡發火，也不敢當場回嘴，回家看到弱小的孩子做了些不順眼的事情，於是一肚子火忍不住傾瀉而出。

在欺軟怕硬這一點上，不分男女老少。小孩子不敢反抗父母的時候，就去拔草、踢貓、搗螞蟻洞，因為它們是更弱小的存在。

過了幾天，我在商場裡遇到這樣一對父子。

小男孩在玩具店門口痴痴地看著，眼神裡寫滿了「想要」，跟爸爸說了好幾次想去玩具店，但這位爸爸在旁邊的休息椅上捧著手機打遊戲，抬頭看到孩子在旁邊，又放心地低下頭繼續，嘴上答應著，其實根本沒注意孩子在說什麼。

小男孩大概四五歲，正是調皮的時候，他在店門口的櫥窗前看了許久，實在忍不住，一個人走進玩具店裡面，到貨架邊盡力踮起腳尖伸出手臂，想要拿那個發著光的鹹蛋超人模型。

結果當然不盡如人意，他不僅沒拿到玩具，還碰掉了旁邊的另一個模型。

當時我坐在對面的繪畫教室外等禮物上課，看到玩具落地，我的心已經揪了起來：完了，孩子多半要挨罵了。可他確實不是故意的。

玩具店的店員走了過去，大概是在詢問情況，看到孩子身邊沒跟著大人，便讓男孩帶她找家長，男孩一開始十分不情願，眼淚汪汪，雙手背在身後，不知道店員又說了些什麼，男孩慢慢走到店門口，用手指了指他爸爸。

而此時他爸爸還沉浸在手機遊戲裡，毫不知情。店員拍了拍他的肩膀，抬頭的瞬間，這位爸爸可能意識到了什麼，一瞬間怒火熊熊燃燒，大吼一聲：「你做什麼了？！」

男孩還沒開口說話，已經哇哇大哭。

這件事最終以父子倆買下碰掉的玩具模型收場，爸爸拎著男孩走出玩具店時還一直在說：「讓你不要亂跑你不聽，你知不知道這個多貴！我剛發的薪水就被你弄沒了，你這個月什麼也不要買了！一會回家你自己跟你媽解釋去，淨花錢買沒用的東西！」

孩子一直在抹眼淚，手裡拿著因為自己闖禍得來的「新玩具」，一點也不開心。爸爸邊走邊說，看孩子沒反應，還動手推搡了幾下，小男孩哭得更厲害了。

周圍有很多人投去好奇的眼光，看到如此場面，爸爸怒喝一聲：「哭什麼哭！哭能解決問題嗎？就知道哭！」

看到這裡，我簡直找到了很多男孩子長大後情感淡漠的原因，不正是因為他們小時候被這樣對待過嗎！

這位爸爸把由於自己的疏忽而導致的錯誤（完全沒有意識到這才是事件的起因），一股腦推到了孩子身上，既不問原因，也不問過程。一想到回家要被老婆罵（甚至此時心裡還湧出對伴侶的不滿），想到「無妄之災」引發的金錢損失，一時間氣惱無比，孤立孩子，把責任完全推到孩子身上，當孩子被嚇到大哭不止，他卻因為不想承受周圍人異樣的眼光，還要叫孩子壓抑自己的情緒。

這一路的戲加得凶猛，本質上是自己的無助感在作祟。

如果說這件事是花錢買教訓，恐怕這位爸爸也沒搞清楚「教訓」到底是什麼，更不可能藉此機會教會孩子如何處理突發情況和負面情緒。

作為父母，首先要反思自己，其次要明白孩子有物質需求或者情感需求是沒有錯的，父母能力有限或感覺孩子的要求不合理，可以與孩子進行溝通，但是不要隨意否定孩子的需求。

大人如果經常否定孩子的各種需求，孩子想表達自己的時候自然而然會感到羞恥和害怕，長此以往，不就是個惡性循環嗎？又成了前幾章裡我們討論的「找不到真實自我、不愛自己、不會拒絕別人、無法好好表達自我」的那種人。

如果孩子覺得自己的需求都是錯誤的，會帶來麻煩給別人，讓大家都不高興，他們只能越來越壓抑自我，最後變成一個漠然、容易自責、彆彆扭扭的大人。

作為大人，我們有必要反問自己：「你希望自己的孩子成為這樣的大人嗎？」

誰不想要一個坦然、大方、自信、樂觀的孩子呢？我們也知道，只有自己成為這樣的人，才能養育出這樣的孩子。而我們不能決定自己的出身和家庭，小時候的遺憾雖然無法彌補，可我們還是可以盡力重塑一個新的自我。

父母都是普通人，他們也有自己的缺點、自己的困擾。當我們意識到這一點，與其埋怨，不如去反思，我們可以因此而看清自己、改變自己。

畢竟終其一生，只有自己能夠為自己的人生負責。

如果說幼年創傷造就了今日這個害怕負面情緒，以至於不斷自我加戲的人，那麼從成為父母的那一刻起，我們就有了整理過去、療癒自我的機會，何不好好抓住這個機會呢？

經過自我認識、自我察覺、自我思考和自我接納之後，我發現了自己的缺點和短板，知道我就算拚盡全力，也不可能考上哈佛，成為頂尖人才。但我就是我，我學會了接納自我，因為我知道自己也有優點。

當孩子無意間刺痛了我，將我的無助暴露出來，卻恰好成為我向他展示自己的機會，我不想隱藏，因為他有權利了解這樣全面的我。我們是彼此在這個世界上關係最親密的人之一。

心理學家阿爾弗雷德·阿德勒說過：「一段經歷、一段創傷，不會是一個人成功或者失敗的原因。人們賦予這段經歷或創傷的意義，才會決定我們最終的人生走向。」

這也就是為什麼，在同樣的環境裡，有些人能夠奮起直追，有些人卻庸庸碌碌、毫無建樹。

情緒穩定的重要性

上大學時，我曾經交過一個男朋友，從他身上我學到了很多很多，其中最重要的一點就是：情緒穩定是一個人最可貴的特質之一。

當時我經常到他家裡去玩，觀察到一個小小的細節。有一天在做晚飯的時間，男友的媽媽正在為蒸饅頭準備和麵粉，我們圍在旁邊聊天，男友手裡端著一杯咖啡，他突然說道：「如果把咖啡和進麵粉裡是什麼味道呢？」

令我震驚的是，他媽媽很自然地答道：「那你倒進來吧。」

於是那晚我們吃到了微微有些咖啡味的饅頭。味道並沒有很奇特，饅頭也沒有因此被毀掉，大家都很自然地討論著：也許做成巧克力味的小饅頭也不錯。

後來我回到家之後，反覆在想到底是什麼讓我那麼震驚？是他媽媽自然的回應，還是他那麼自然的提議？

換作是我家，如果我這樣說，肯定會被拒絕；如果是別人家，這樣的熊孩子可能還要挨罵。後來我還了解到，與我這樣從小被揍大的孩子不同，他的父母沒有打過他，一次也沒有。

當時我年紀小，只能想到為什麼他媽媽那麼溫和呢？是因為太寵他了吧？

現在我已經為人母，再回憶起那些與他父母相處的時光，才明白，是因為他媽媽對生活的掌控能力很高，她的情緒是穩定的，不會因為一句話、一個小小的提議就跳腳。當然，男友的爸爸也是一位情緒穩定的人，在日常的相處中，對我也非常和氣與包容。

情緒穩定的父母會養育出情緒穩定的孩子，當孩子慢慢長大，他也會去治癒另一個與他產生交集的人。

現在回憶起來，情感上的不合已經淡忘，我記得的都是他良好的行為帶給我的影響。哪怕是吵架、分手，他也沒有說過任何過分的話。當我 30 多歲有了更多的經歷之後，才知道能夠在遭遇突發事件、受挫受傷、產生負面情緒時，做到不去攻擊別人、不肆意發洩情緒是很難的。

後來的人生中，我見過發生爭執之後情緒激烈到自殘的人，見過思想偏激到要死要活的人，也見過一哭二鬧三上吊要挾他人的人。我不禁想，恐怕保持情緒穩定是一種少數人才有幸具備的特質。這是很多經歷豐富的成年人也做不到的事。

多少家庭的爭吵不休是因為大人平日難以控制自己的情緒，小事情最終演變成大事情。

孩子在這樣的可怕環境裡生存，很難不被影響，要麼養成攻擊別人的行為模式，要麼選擇內化，在遇到矛盾時不攻擊別人，反而開始在內心自我折磨，這是更加難以化解的。

那些容易自我折磨，攻擊自己的人，最終在發生大事時徹底崩潰，這樣的悲劇難道還少嗎？

根據一個心理諮商機構的調查，對內攻擊的行為大多發生在女性身上，因為女性普遍更缺乏自信，在成長過程中缺乏被支持感。

不管是合作夥伴還是終身伴侶，我認為最值得交往的人擁有的最重要的性格之一就是：情緒穩定。

情緒穩定意味著一個人的內心對外界環境和別人的行為言論，既不過多發散，也不過多敏感。情緒穩定是一種表層的現象，往裡面挖，第一層是不加戲，第二層是有邊界感，第三層是愛自己，核心是接納真實的自己。

光是情緒穩定這一點，便足以證明這個人內心的強大。與這樣的人相處，能將自我折磨降到最低，自然也就多出很多精力和心力去做好許多真正值得關注的事情。

如果我們不幸陷入了情緒的巨大波動中，只需要記住一件事：此時不宜做任何決定。

據科學研究，人在憤怒時，智商會瞬間降低到普通程度以下，此時根本不具備思考和決斷的能力。此時做出的決定多半也都是對己不利的。

所以，當你產生任何情緒，包括恐懼、憤怒、焦慮、失落等，不妨抽離出來想一想：是誰、是什麼誘發自己陷入這個被動的局面中的？如果現在立刻採取行動，會有什麼不好的後果嗎？

一個不斷試圖挑起你的負面情緒的人，一件不斷誘導你在情緒的驅使下做決定的事情，大機率都是不好的。

一切想要讓我們放棄理性思考、跟隨情緒的行為，都必須打一個問號，因為無法做到理性，也就意味著把自己主宰自己行動的權利拱手讓給了別人。

我必須要現在做出回應嗎？是什麼樣重要迫切的事情，讓我連耽誤幾分鐘去等一等、想一想都不行？

對方要做什麼？他是誰？是騙子、壞人，還是操縱者？

當自己陷入情緒波動的時候，不妨先冷靜下來，充分思考之後再做決定。正所謂：緩事宜急幹，敏則有功；急事宜緩辦，忙則多錯。

要學會分辨這些情緒，努力去控制自己的情緒，日久天長，自然會成為一個情緒穩定的成年人。

禮物在 5 歲的夏天，迷上了我手指尖上色彩繽紛的指甲油，他要求也享受塗指甲油的權利。

我想，這沒什麼大不了，每個人都有追求美的權利。

我把網購來的指甲油擺放在桌子上，禮物選擇了自己喜歡的顏色，我為他塗在指甲上。禮物高興極了，舉著雙手四處炫耀。

當老師看到時，他說：「老師，這是我的指甲油。」

當同學看到時，他說：「厲害吧？這是我的指甲油。」

當他爸爸看到時，他說：「爸爸，你看，我的指甲會變色。」

他爸爸反問：「這是女孩子的東西，你為什麼要塗？」

禮物沒有說話，他偷偷告訴我：「我的手塗了指甲油，就像恐龍的爪子一樣又漂亮又厲害。」

我問他：「你喜歡指甲是彩色的嗎？」

他說：「很喜歡。」

我告訴他：「那就好，每一個人都有自己喜歡和不喜歡的東西，女孩子也有喜歡短髮和不塗指甲油、不化妝的，男孩子也有喜歡化妝和設計服裝的。」

禮物笑起來：「我不喜歡化妝，也不喜歡設計服裝，我只喜歡指甲油。」

我也笑：「嗯，我喜歡化妝，也喜歡漂亮的衣服，也喜歡指甲油。」

禮物說：「媽媽和我有些一樣，有些不一樣。」

我繼續問他：「是的，其他人也是這樣，有的一樣，有的不一樣。如果不一樣，該怎麼辦呢？」

禮物回答：「那就不一樣好了。」我的孩子，真棒！

「那就不一樣好了」，這樣坦然，這樣自信，真希望你往後餘生都能如此。

在養育初期曾經遭受了很多外界壓力的我，在養育禮物的過程中，發掘了真實的自己、接納了自己、愛上了自己並支持著自己。我發現，隨著我變得強大和淡定，禮物作為一個高需求、敏感的寶寶，自然地度過了「可怕的 2 歲」階段，適應了幼稚園生活，馬上就要升小學了。

我學會了不加戲地陳述，學會了不加戲地回應，不再那麼容易沉醉在自己的世界裡，反而學會了去了解事物本身。

沒想到的是，我的孩子也學會了。

在養育過程中沉浮痛苦過的媽媽，優先「富養」了自己，最終也「富養」了孩子。是意外，也是必然。

第十二章
完成，不必完美

兒童的發展是一個動態的、不斷變化的過程，許多家長最大的焦慮，就是擔心眼下孩子呈現的問題會一直如此。其實這只是孩子的階段行為表現，僅可能是那一段時間而已，未來其實充滿了各種可能。

這是《養育的選擇》中的一段話，每每感到快要被育兒焦慮淹沒時，我都會拿這本書出來看看。

害怕孩子不正常，害怕孩子一直學不會，害怕孩子一步錯步步錯，最害怕的是：自己作為父母，耽誤了孩子的一生。

我相信，有很多家長也經常為此不安。

要知道，處處都做到 100 分對家長來說要求太高了，我可不想背負「完美媽媽」的枷鎖。

我記得在禮物 1 ～ 2 歲時，經常會出現一個很讓我沮喪的情況，那就是我費盡心思做了好幾樣輔食，結果居然只有一樣入得了他的法眼。而當孩子沒胃口時，他連一樣都不想吃，乾脆捧著白米飯吃幾口就作罷。

後來我與很多寶媽交流過之後發現，居然有不少孩子都不愛吃飯 —— 不僅許多東西都不愛吃，而且經常連奶都不想喝。

有的媽媽苦笑道：「我可能生了一個仙女，吊著一口仙氣就能長大。」

在我嘗試了「威逼利誘」禮物吃飯之後，幾次失敗的經歷讓我清晰地感受到：他真是個無法被左右的孩子，我還是不要較勁了，不然連自己的飯都快要吃不下了。

2 歲的孩子不會因為一兩頓沒吃就營養不良，而我卻會因為沒吃飽飯而低血糖，血糖一低，人的情緒就不穩定，情緒不穩定就不能好好與孩子互動。

陪孩子成長，不必流於表面，也不必走形式，把孩子當作一個平等的人去對待就行了，家長要學會與自己和解。

不吃就不吃好了，他不吃，我吃！

不需要當完美媽媽，相比逼著孩子吃飯，還是和孩子建立良好的親子關係更重要。我跟自己說：「做個『差不多』的媽媽就夠了，正如我也接納禮物是一個『差不多』的小孩。」

不存在的完美

也許是這個世界變化得太快，現在一個人能夠接觸到的資訊量是以前的很多倍，事物變化的速度也是以前的很多倍，身邊的一切彷彿奧運的口號一般「更快、更高、更強」，卻忘記了口號最終的指向是「團結」，而不是「完美」。

放眼浩瀚宇宙，人類是很渺小的存在，因為渺小，所以很容易被裹挾。

不管是家庭這樣小的單位，還是世界這樣宏大的存在，人類身在其中，便隨一切變化而變化，也許我們都想過：是否當我足夠完美時，就可以停下來歇會，就可以獲得永恆的安穩？

卻不曾想過，這樣「是」或者「不是」的選擇壓根就不存在。

假設本身就是不成立的，只因這世界上壓根沒有完美這回事，追求一個根本不存在的東西，不是自己為難自己嗎？

為什麼會產生這樣的舉動呢？大約是源於人類內心對不確定性的恐懼。

恐懼導致盲目，盲目之下於是有了執念。如果能夠將這樣的執念作用於自己身上，或許還能取得一些進步。但當一個人將這樣的執念作用於另一個人身上時，往往導致了悲劇。

一個要求自己成為完美媽媽的女性，她隱性的要求其實是：我要擁有一個完美的孩子。

因為成為完美媽媽不光得成就自己，還得成就孩子，這樣完美媽媽才能有完美的結果拿來展示。

在這種對完美的追求中，控制欲 —— 一種深層次的心理動態出現了。如果讓心理學家繼續剖析，還會分析出控制背後一系列的成因，比如「巨嬰」、「全能自戀人格」抑或「深度自卑」。

在此不展開去探究這些，但我想跟所有成為媽媽的女性發自肺腑地講一句：「一定要放過自己。」

不僅僅是因為完美這件事根本不存在，還因為這根本就是一個陷阱！

當為了達到別人心中的標準去努力時，不僅會失去自我，還會失去媽媽自己最為珍視的孩子。

越是將自己的價值連結在孩子身上，大人就會越失望，孩子越長大也越想掙脫，因為追求自由是每一個生物的本能。

在「要做一個完美媽媽」的執念下，我曾經苛求過自己。我的一位閨密就擁有一對幾乎完美的父母。

她的父母均為高級知識分子，夫妻關係很好，親子關係也融洽。物質上能夠給予她很不錯的條件，精神上也不束縛她的追求。我認識她 10 來年，一直對她十分羨慕。

饒是如此，她也曾坦言，自己對父母不甚滿意，因為他們的很多限制影響了她的發展。

聽到這裡，我茅塞頓開：哪裡有什麼完美的父母啊！時代的變遷會在每個人身上留下印記，現在看起來無比正確的事，再過 20 年也許就變成了落伍又狹隘的認知，父母也永遠做不到完美。

在成年之前，我一直埋怨媽媽不夠愛我、不夠關注我，甚至在許多時候會忽視我的感受。她就是這樣一個神經大條的人，對細枝末節沒那麼敏銳，也沒有私下觀察的習慣，所以很多事情我不講，她是真的發現不了。

但當我成長到需要獨自為人生做決定時，我才發現，正是因為我媽媽對我的長期「放養」鍛鍊了我的獨立思考能力，許多事情我能自己做主，我也非常大膽，抓住一切機會去嘗試新鮮的事物。

當我也成為媽媽後，我更加意識到，「完美」兩個字就像是一把枷鎖，不要從一開始就被套住，這是每個女性最應該理解到的事。

自我折磨

我在學著做媽媽的過程裡，不光學到了如何做媽媽，還學到了很多做人做事的方法。

這個過程中，我發現自己在學習路上的絆腳石有兩個：一個是孩子，一個是拖延。學習路上的催化劑也有兩個：一個是孩子，一個是行動。

一開始我以為只有自己如此，後來我與身邊的很多媽媽們聊天，發現大多數人都有不同程度的拖延症。有的人是因為追求完美的結果，害怕落空所以壓根不敢去開始；有的人是被巨大的焦慮裹挾，還沒開始做就迷茫了；有的人是還沒從前一件事的失敗中走出來，始終沉淪以致無法把握現在。

可謂是：既懶惰又認真。

因為懶惰，所以不去開始。因為太認真，對事情有過高的要求，怕自己做不好就會有負罪感，於是寧可不做，也不想敷衍出一個結果讓自己無顏面對。

在這兩種心態的作用下，很多事都耽誤了最好的時機，於是陷入後悔和自責中，形成惡性循環。

曾經有一位好友，在社群網站上匿名寫了幾萬字的日記，因為她常常被各種念頭折磨到深夜。

她經常感到自己無法控制自己，一天下來什麼也沒做卻非常疲憊，躺在床上睡不著，坐在桌前也無法集中精力做事。當需要做一件事時，腦中持不同觀點的小人就開始互相撕扯，吵得不可開交，自己也躊躇不前。當需要休息時，也無法做到不糾結，還會陷入新的糾結裡，越休息越空虛。

還沒開始行動，一輪一輪巨大的自我折磨先把她自己摧殘得疲憊不堪。

我相信很多媽媽也有這樣的感受：因為生活、工作、育兒中瑣碎的事情實在太多太雜，很少擁有屬於自己的時間，睡前僅有的時間也只能用來滑滑手機。而手機，又是一個資訊量巨大的載體……

還有一些人異常擔心可能會發生的「壞事情」，他們因為這些無端冒出來的擔憂而無法進入狀態，為了沒有根據的假設，放棄了行動。

1999 年，曾經有研究人員做過一項實驗，結果發現：在所有我們擔心的事情裡面，大約 85%的事情從來沒有發生過；如果我們擔心的事情發生了，大約 79%的結果比自己想像得要好很多；那些能夠放下焦慮的人，比一直緊張、擔心的人生理狀態更佳，同時也有更好的狀態和能力去處理真正面臨的問題。

換言之，在 100 個所擔心的問題裡面，可能只有 3 個是需要你真正去應付和處理的。剩下的那 97 個問題，都不會對你造成真正的威脅，反而讓你不斷陷入焦慮當中無法自拔。

著名女作家周軼君說：「焦慮的反義詞是什麼？是具體。焦慮是一個非常虛幻的情緒。比如擔心前途，是升學還是工作？升學要考什麼大學？什麼科系？按照具體需要的去做準備就可以了，只有說到具體，才能打破焦慮。人需要突破迷霧，看清楚具體的路該怎麼走。腳踩到具體的路徑上一步一步往前走的時候，就沒有這個焦慮。」

用具體去對抗焦慮，用立刻行動代替思前想後，用拆解落實遠方的目標，用當下完成的一步當作對自己的激勵。

我最焦慮的一陣子，莫過於 2020 年初新冠肺炎疫情剛開始時，沒有人知道以後會如何，一切都是瞬息萬變的，感染病毒的人數不斷攀升，而我們都困在家裡無能為力，如同世界末日，除了等待災難降臨似乎沒有任何能做的。

大概到了第二週時，我意識到自己應該是陷入了一種心理暗示的惡性循環裡，我決定不再關注這類新聞，然後播放了許久之前就想看的紀錄片，在地球與宇宙中感知宏大的存在，再播放最喜歡的美食製作影片，過好隔離生活。

在封鎖掉那些讓我焦慮的資訊之後，我發現，擱置了好久的寫作才是我真正渴望做的事。從那一刻開始，我又拿起了筆，將自己之前沒有寫完的小說繼續寫了下去。

要知道這世界上90%的人之所以成功，是因為想到後付諸行動了，而不是想得足夠多、足夠好。

從具體的某一件小事開始，認認真真感受它；到大自然中摸一摸真實的樹木，在呼吸之間排空雜念；要求自己放下手機和電腦，哪怕是冥想十分鐘，拉伸自己的身體，讓精神回歸到這具軀殼本身；與孩子一起，專注地在音樂中翩然起舞，釋放本真的快樂，而不是點開短影片找樂子。

有些人陷入自我折磨中，是因為想得太多，也有很多人是因為環境太過競爭，自然地被這股洪流捲入其中，動彈不得。

當一個環境是以競爭為主要規則的時候，相信我，離開它。不管這個環境給你多少金錢、多少希望，抑或任何好處，都一定要離開。

就像被家暴者離開施暴者。

就像被傳銷組織迷惑的人逃離魔窟。

就像被詐騙電話操控的受害者立刻連線。

這樣的環境，對人生、健康、生命沒有一丁點好處，如同吸血鬼一般可怕難纏。

各位請切記：完成比完美重要。

沒有人的想法從一開始就是完美的，只有當你著手去做，認真施行的時候才變得逐漸清晰。

哪怕是完成了一半，也有一定的意義和作用。

付出實際行動會助你養成踏實的優秀品格，也幫你提升對事物本身的認知能力，讓你既避免了誇誇其談，也免去了臆測。

只有實做家才知道真正做成一件事有多難、難在哪裡；做得越多，越有信心去做。在做的過程中不斷調整，不斷回饋，不斷反省，即便這件事做不成，也許下件事就做成了。

做成一件事的成就感是極大的，這種成就感正是那些空虛的人所尋覓的價值，比讀萬卷書更有發言權，世界不會虧待腳踏實地的人。

不管是事物的變化還是人的進步，都不是二維座標上的直線或者拋物線，而是在三維立體空間裡的曲折中前進與螺旋式上升的，一個角度上的毫無變化，從另一個角度來看可能是天壤之別。

如果我們能夠換個角度看待問題，是否能夠放下對追求完美的執著，多維度地理解自己、他人與世界，包容不同、擁抱變化，成為一個寵辱不驚、敢做實事的成年人？

這也是為什麼我一直在強調愛自己的重要性，因為只有愛自己，堅定不移地支持自己，才能吸收世界的美好、對抗世間負面影響、逃離有害的存在，這種愛是生物的本能，不應該在繁雜與障礙中被迷惑、被丟棄。

女性並非為母則剛，女性是因愛而強大的。

第十三章
不是天才也沒關係

在生孩子之前，我有個巨大的認知錯誤。

我認為教育是第一因素，教育可以決定孩子的行為，孩子有問題就是教育不到位的表現。

呵，多幼稚的想法啊。當我自己生了孩子之後，現實教我反思。

禮物還不會說話時，我從細枝末節中觀察他，發現一個事實：完蛋了，原來教育不是第一因素，基因才是！

他出生不久就有自我意識，總是用哭聲指揮我抱著他坐、走、站，可以說我無法左右他的決定。不想吃東西時多一口都不吃，哪怕我揪他耳朵也不行。他對環境的變化十分敏感，當一個玩具在轉動時，他絕對不會用手去觸碰。

我不知自己在嬰兒時期是否也是這樣，但禮物的確如此，他的許多行為是天性使然。

對同一事物，很多孩子的表現截然不同，有些孩子天生精力旺盛不愛睡覺，還在月子裡時就覺少，一兩歲時就自己決定不睡午覺了，能從天亮跳到天黑。老母親們只能互相安慰：覺少的孩子長大了當學霸，覺多的孩子長大了心寬無憂愁。

不然還能怎麼想？

硬要覺少的孩子睡覺，他一定會在床上難受得翻來覆去；硬要覺多的孩子起來玩，他大機率會鬧情緒。

我相信有很多孩子也是這樣：有自己明確的喜好，不喜歡吃的絕對不吃，不喜歡做的事絕對不做，不愛玩的玩具絕對不拿。

除此之外，有很多孩子發育得很慢，雖然吃很多飯，但是一點肉都不長，睡得很香卻不怎麼長個。很多焦慮的媽媽問我該怎麼辦，說實話，只要孩子健康，其他的真的只能順其自然。

我採訪了那麼多寶媽，沒有一個媽媽告訴我她們有法寶能干預孩子的基因，也許科學家能做到，但本著尊重生物多樣性的原則，也不能這樣去做。

不瞞大家說，我的孩子身上也有很多缺點是遺傳的，發現這一點的時候，我的心裡很難過，卻沒有辦法，基因並不是擇優錄用，而是隨機組合，孩子生出來之前，誰也不知道他是什麼樣的。

但是要知道，每 20 個孩子就有 1 個有發育問題，轉頭看到自家的小孩，慶幸孩子是健康平安的。

禮物長大之後，有很多啟蒙班約我帶孩子去試聽藝術課，我也帶他參加了一些，然後內心想要培養一個藝術家的夢徹底破碎了 —— 我的孩子是一個缺少藝術天賦的孩子。

美術班的老師會在下課時問每個人畫了些什麼，有些孩子會指著自己畫上的房子狀線條頭頭是道地講出一個有人物、有情節的故事來，而禮物聳聳肩膀說：「它就是一個三角形。」

老師指著一些用於裝飾的亮片引導他：「這是什麼呢？雪花嗎？」禮物看了看，誠懇中不失驚訝：「這是你給的亮片。」

我在一邊看著他認真且毫無想像力的樣子，差點笑出聲。老天爺啊，看來他長大後會成為世界上普普通通的一員。

我是普通人，我的父母也是普通人。

很多藝術家在很小時就表現出了超凡的領悟力和天賦，梵谷 10 來歲時的素描手稿已經震驚了我，張愛玲之所以敢說「出名要趁早」，那是因為很多厲害的人從小就厲害。

但我接受了禮物是一個普通的孩子這件事。

忘記是在哪裡看到的這段話：一個人的成長要接受三件事，先接受自己的父母是普通人，再接受自己是普通人，最後接受自己的孩子是普通人。

不知道你們能不能接受自己的孩子是個普通人，反正我是徹底接受了。

生個普通小孩怎麼辦？

我相信每一位父母都希望自己的孩子是個天才，但這種機率確實比較小，畢竟絕大多數孩子都是普通孩子。

當你發現你的孩子是個普通小孩時，該怎麼辦呢？

每個孩子剛出生的時候，媽媽都會看著懷中的小孩說：「只希望他健康快樂，別的不重要。」

但孩子稍微長大一些，家長的態度就變了。

家長們開始變得貪心，從前覺得只要孩子健康快樂就行，可現在媽媽們聚在一起討論你家孩子上了什麼興趣班，我家孩子學了什麼才藝。壓力瞬間降臨，這時候再回家看到傻吃傻玩的自家小孩，內心充滿焦慮。

我自然能體會這種心情，畢竟禮物在許多方面表現得普普通通，我這樣一個普通小孩的老母親，也壓根沒有「自己的孩子是天才」這樣的奢望。

即便如此，難道我就不教育他了嗎？當然不能啊。

教育裡面除了言傳身教、耳濡目染，還有很重要的一個環節，就是家長幫助孩子發掘自我優勢。

每一個孩子都有自己的特點和長處，但他自己多半沒意識到，而家長在一邊觀察了幾年，更清楚自己的孩子到底擅長做什麼，是埋在地裡長個的「馬鈴薯」，還是長大了要架秧的「番茄」，是能三天兩頭割一茬吃了的「韭菜」，還是一年一熟的「麥子」。

只有先觀察，才能因材施教，把有限的資源用在刀刃上，孩子長大後也會感謝父母幫助自己發現自我，自己才能發揮長處、創造價值。

父母不應該永遠都拿著一個模板把孩子套進去，就算是溫室，也不能苛求所有蔬菜都長得一模一樣啊。

我相信這世界上每一個孩子都是不一樣的，雖然我總是吐槽我家小孩真的沒有藝術天賦，但他算術倒是有幾分機靈勁，日常傻憨憨的樣子像是個「馬鈴薯」，這樣的「蔬菜」怎麼能急著從土裡刨出來呢？一定要有耐心才是。

在這個方面，我最有感悟的是在開始工作之後，有一次與幾位同齡人聊起大學學什麼科系這個話題。

我們回答了各式各樣的理由，其中我的閨密緩緩地說：「我爸覺得我挺有做媒體的天賦的，所以我選了媒體。」

那一刻，我們幾個人都倍感驚訝，天賦是什麼？我們好像都沒聽說過自己有什麼天賦。

於是那天下午，幾個年輕人就這樣坐在一起，鄭重其事地討論起來各自有什麼樣的天賦。

有一位女生天生對數字敏感，她不僅能隨時記住別人的車牌號，還對一件事裡的邏輯關係異常敏銳。只可惜，她學了不喜歡的科系，畢業後還做了好幾年相關的工作。另一位男生特別喜歡軍工科系，他雖然考上了軍校，但由於對科系類別沒有深入研究，隨手選了一個偏文科的科系，結果念的時候缺乏興趣，現在更是後悔。

而我自己也是一樣，逛街時閨密發現我對服裝設計有興趣，但我並沒有學過與之有關的科系，也沒有研究過相關的內容。

原來我們每個人都自帶技能！然而我們自己卻很少發現。

更別說能夠早早培養、早早選擇、早早踏上適合自己的路了。我們大多數人都是渾渾噩噩地上了大學，之後在不斷的嘗試中發現了一點端倪，可是重新換賽道的代價又太大了，並非每個人都能承受，於是便不了了之。

這世上不僅有閃閃發光的天才，也有很多擁有自己的小天賦的普通人，只要選對了方向，就能事半功倍。

一個人能夠做自己喜歡且擅長的職業，是多麼幸運啊！

機靈的二胎

我小時候經常聽父母說我姐姐有多傻，而我有多麼多麼機靈。聽得多了，以至於我真的以為自己是個萬分機靈的人。

其實，我只是比我姐姐機靈一點罷了，也完全是因為她走在前面為我「排雷」，我自然能做得好些。

後來當我再長大一些，我發現了一個很有趣的現象。

經常聽到有些學霸家長的發言：「我壓根沒管過我家孩子呀，我忙著上班，他爸爸還要上夜班，家裡有時候連飯都顧不上做，哪裡還有時間接送上學，更別提盯著寫作業了。」

一開始，我以為是那種沒複習就考了一百分的論調，心裡十分不屑，後來卻發現，某種程度上這種事並不少見。生活中類似的例子挺多的，我甚至在想：是不是家長放手不管，反而比管東管西要強許多？

從這個角度上看，一個工作忙得不著家的父親，比一個在家卻不做事的父親要強很多，一個每週末抽時間與自己朋友聚會的母親，比日日夜夜盯著孩子一舉一動的母親要好許多。

家長給孩子適當的自由，孩子才更有內在動力，如果什麼都要管，孩子反而什麼也不想做。

我終於明白了，父母之所以說我小時候機靈，大概是因為家裡有兩個孩子，父母被老大折騰得已經沒有精力再管我。於是我自小就事事自己做，慢慢地也養成了獨立自主的習慣。

機靈的老二因老大分了家長的神，學會了自己吃飯，學會了自己照顧自己，自己見縫插針地表達需求，於是對許多事無師自通。在「人類幼兒的生存指南」裡，也許排名第一的手段就是：引入競爭機制。

很多老母親從一胎照書養，變成了二胎照豬養，孩子們得到了成長的樂趣，母親也從此放過了自己。

生個二胎，也許並不都是負擔和麻煩。

有人調查了 100 位科學家、100 位社會活動家、100 位企業家和 100 位藝術家，發現除了科學家的成就與學校教育有一定關係之外，其他人所獲得的成就和學校教育沒有正相關的連繫，也就是說學歷並不是最重要的因素。

臺大畢業的大學生們也不一定能滿足「成功」的標準，傑出學生們進入了知名企業，也不能保證從此一帆風順、毫無煩惱。

人生的有趣之處就在於一切都會有變化。與下棋不同，人生往往是要走完一步才能看一步的棋，還有許多人「當局者迷」。

從前有一位母親，因為教育孩子成功而知名，她就是孟子的母親仉氏。為讓孟子有個良好的學習環境，仉氏把家從墓地旁搬到集市，後來搬到肉舖附近，最後搬到文化氛圍濃厚的學宮邊上，雖然居處湫隘，卻心滿意足。

有一天小孟軻放學回家，孟母問他今天學到哪裡了，小孟軻回答說和以前差不多。正在織布的孟母當即「以刀斷其織」，疾言厲色，從此「孟子懼，旦夕勤學不息……遂成天下之大儒」。

養過孩子的都知道，小孩子挨頓罵就能「旦夕勤學不息」是根本不可能的，大部分孩子都是轉臉就忘，有時你還在生氣，他已經嘻嘻哈哈笑起來了，一副不在意的樣子。

以上是孟母這位「虎媽」最廣為流傳的兩則故事，但還有一則，並不經常被提及：

中年的孟子，渴望周遊列國以展所學，又礙於「母在，不遠遊」的孝道，經常長吁短嘆。這時的孟母已年老，然而她知道之後，鼓勵孟子離家遠行以實現人生抱負。

「今子成人也，而我老矣！子行乎子義，吾行乎吾禮。」

可見孟母並非一味要孩子成功，而是支持孩子做自己想做的事。

我經常在禮物睡著之後，一邊撫摩他的手腳一邊感嘆：不知以後他會成為什麼樣的人，也不知道他會經歷什麼樣的人生。

我只希望，他能成為一個自食其力、自我愉悅的人，也能夠為他愛的人提供穩定的情緒、持久的愛與理解。

只有成熟的大人才知道，這是多麼高的期待啊！

畢竟我們每一個人都在這條路上努力著，連我自己都在努力做到呢。

第十三章　不是天才也沒關係

第十四章
最棒的媽媽就是你

很多媽媽在生完孩子之後都會遇到一個很現實的問題，那就是自己的職業發展受限。

近幾年職場環境對女性越來越不友好，尤其是已婚已育的女性，HR 怕媽媽們沒有足夠的時間用在工作上，部門主管怕媽媽們經常需要請假、不能隨時出差，員工們怕女同事突然懷孕生孩子導致工作分配到自己頭上來。

如同《夾縫生存》（*Squeezed: Why Our Families Can't Afford America*）這本書裡所講：「（社會）正在懲罰養育兒童的人，包括父親、母親、育嬰工作者，並認為他們低人一等。生孩子甚至可以說是職場毒藥，是你沒有將十二分的精力投入這份工作的明證。」

於是女性在職場往往要付出更多，才能得到和男性一樣的競選機會，還不一定會被擇優錄用。

這個「優」不是女性個體不夠優秀，而是女性的身後沒有一整個家庭為自己做最後依靠的「優秀條件」。大多數女性無法心無旁騖地為工作打拚，而已婚已育的女性則是扛著整個家庭的「擔子」在前進。

前文曾說過，許多產假結束的媽媽們會因為無法兼顧育兒與家務，不得不做出選擇：離開職場，成為全職媽媽。但每個人都有社會價值和自我價值，工作不僅是我們參與社會的途徑，也是塑造自我、展現自我價值的途徑。

人類是群居動物，需要和同類一起生活，也需要與更多的同類交換資訊、溝通、相處，在這個過程中感受環境的變化與生活的樂趣，哪怕是苦惱，也是自我成長的一部分。

這也是為什麼我並不支持女性去做全職太太或全職媽媽，那樣封閉、變化極小、溝通相對單一的生活，不適合絕大多數的人。

工作、參與社會勞動是人類社會化的一個重要指標，也是女性能夠在社會上享有話語權的基石，一個社會的進步離不開多元視角，一個人的成長也離不開廣闊的環境。如果你正好處於職業轉型的初始階段，請記住最重要的兩個詞：「尋找自我」和「不怕嘗試」！

走到自己的路上去

如果說工作是一條路，有不少人都是在走那些別人認為好、認為應該走的路，但是自己卻走得很不開心。當然也有很多人連自己想走什麼路也不清楚，迷迷糊糊地過了大半輩子。

當一個人大學畢業，先走一段該走的路，累積一些經驗，再向自己真正想走的路去靠近、去努力。我認為這是正常的，每個人都會在人生當中不斷地嘗試、不斷地重新整理，然後或主動或被動地發生改變，這幾乎是當代許多人共同的經歷。

但如果一直沒有走那條自己想走的路而心有不甘，就不值得了。

其實每個人都需要職業轉型，尤其是媽媽。也許在這個「谷底」的時刻，正好是媽媽們進行職業轉型的最佳時機。

那麼，什麼是自己想走的路？

午夜夢醒時分，如果你總是問自己：這個工作真的是我想要的嗎？我真的要這樣過一生嗎？

那麼就說明，現在你所走的路並不是你想走的路。

想要完成屬於你的職業轉型，必須先找到自我，不知道自己真正的想法，自然也找不到跟自己匹配的職業。比如一個數字敏感型的人，非要他天天在辦公室寫公文，即便能寫，也會很為難，而且再努力也不可能像真正擅長寫作的人寫得那麼好，升遷加薪自然也就無望。

這就是自我和職業不匹配的典型。

不匹配的職業，意味著我們很難滿意做這份工作的自己，我們在其中的行動、思考和感受也都很難獲得價值感。

從該走的路去往想走的路，這就是職業轉型，每一次職業轉型其實都是一次實實在在的自我發覺和自我實現。

我自己曾完成過很多次職業轉型，從公營事業到自由職業，從一個人到有團隊，從做實體婚紗店到做線上購物，從寫小說到寫這樣的育兒書籍，不斷地發掘自己，並且一次一次驗證了自己的價值。

還記得 2018 年是我辭職的第一年，想到需要收入去維持生活，最後立下了一個當年的收入目標給自己：二十二萬新臺幣。

對標的收入來自原來四十五萬出頭的年收入，從目標上來看，我倒是絲毫沒有膨脹，對自己的要求也不高。

萬萬沒想到，時間自由了，心態自由了，我整個人也開心起來，原本的線上經營，由於我辭職以後把時間和精力大量轉移過去，當月就賺了三萬多元。

我這才明白：時間和精力原來要用到對的地方才行，不然容易白費力，甚至還會對自己產生懷疑。

前陣子，我憑著自己的經歷替一位好友做了職業轉型規劃，建議她捨棄原本理工科的後臺工作，轉型為前端專業能力更強的銷售工作。

為什麼呢？

天賦強、能力高的專業技術人才，如果能下決心轉型做銷售，是有著巨大的優勢與潛力的。

她所在的產業也展現了這一點，前車之鑑也多得是。果不其然，半年之後，她的收入便超過了一開始定下給自己的小目標。

我想，是不是每一位女性都低估了自己的實力呢？

許多女性從小被打壓著長大，以為自己哪裡都不行，不如男孩機靈，不如男孩有後勁，不如男孩天賦高。很少有人在意真實的數據。

從 1990 年代開始，女性的學業優勢不斷擴展延伸，在所有學科領域及各級教育程度上，女性的學業表現幾乎都趕上了男性。

也就是說，女性在參與教育的人數明顯不如男性的情況下，表現得不比男性差。各位女性朋友，不要再覺得自己不行，大膽去嘗試吧！

我曾經做過現在很流行的職業性格測試，前陣子也幫幾個好朋友做了測試，我們在測試過程中發現：人其實是在不斷變化的。有一位我認識了 10 來年的女孩，她年輕時又自我又任性，結婚生子之後卻變成了「奉獻型人格」，這在以前簡直不可想像，連她自己都驚訝於自己的變化之大。

而我明顯感到自己從 20 歲時那個思前想後的「討好型人格」，變成了說做就做的行動派。是的，我 35 歲了，為什麼還要在乎跟我無關的人怎麼想？別人怎麼想就隨他去吧，我想做的事情一定要先做了再說。

我們沒必要用一個測試的結果框住自己，但我們可以從這個結果得到啟發，對自己的認知不能一直停留在 5 年前或者 10 年前，現在的自己也許是最熟悉的陌生人，如果不試一試，你都不知道自己能做好從未接觸過的領域。

尋找自我不是從一個框裡出來，又進了另一個框。發掘自我要靠你自己去實踐、去嘗試、去調整。

尋找自我也是你在尋找和選擇的過程中不斷豐富起來的，像一張只有一盞燈的黑暗地圖，燈在你的腳下，走到哪裡就照亮哪裡，只有越走越多，才能看到這張地圖完整的樣貌。

如果你已經職業轉型成功了，回憶起來會有一種「一切就應該是這樣」的感覺。而當你動了職業轉型的念頭時，自我發掘的意識已經在你的腦海中萌生出來，你需要做的是種下這粒種子，然後等待它日後開花結果。

不怕嘗試

也許有人會問：為什麼許多女性在 30 歲左右的時候，三觀會發生這麼大的轉變呢？

這要「得益於」她們的家庭和生長環境對她們孜孜不倦的「教育」。年輕女孩能享受男權社會的那些小恩小惠，如果再有「討好型人格」助攻，那就更明顯了。

可是破功卻在一夕間。生育，是讓很多女性徹底心寒的一道檻。生育引發出的不僅是女性作為母親細細探尋的本能，還有對日常司空見慣的那些不合理現象逐步產生的懷疑。

生育會撕掉這個世界一直在迷惑女性的最後一層面紗，喪偶式育兒會進一步讓女性明白愛情和婚姻並不是想像中的樣子，世界上不存在拯救自己的王子或者救世主。

哪怕是光鮮亮麗的女明星，也會在節目裡坦言：生育之後，當她忙著帶孩子的時候，發現自己的丈夫如同從前一樣在打遊戲，那一刻，她意識到生育徹底改變了她的生活，她永遠做不回從前的自己了。

不僅如此，很多女性成為媽媽之後才意識到，原來並沒有人那麼在意自己。

誠然，在我們小的時候，父母不會讓我們操心錢或者生存的問題，也不會教我們成為手握能力的強者。相反，他們希望家裡的女兒們最終能成為「妻子和母親」，許多女生都是被這樣期待的。

西蒙·波娃在《第二性》(*The Second Sex*)中提道：「男人的極大幸運在於，他，不論在成年還是在小時候，必須踏上一條極為艱苦的道路，不過這是一條最可靠的道路；女人的不幸則在於被幾乎不可抗拒的誘惑包圍著，每一種事物都在誘使她走容易走的路，她不是被要求發奮向上，走自己的路，而是聽說只要滑下去，就可以到達極樂天堂。當她發覺自己被海市蜃樓愚弄時，已經為時太晚，她的力量在失敗的冒險中已被耗盡。」

成年之後的女性，經常徘徊在事業、婚姻、育兒之間，還要面對「年齡焦慮」，在生活的泥沼裡掙扎，這些痛苦和無法選擇的根源就在於：從來沒有一隻手能夠伸出來幫助我們，告訴我們勇敢去嘗試，去做你自己！

尤其是當我們成為母親後，一切都變了。

我們迫切地想成為自己，我們需要這種強烈的動力去實現自我價值和社會價值。成為一個擁有獨立人格的人，在做媽媽這條路上是一件很重要的事，這意味著：我可以透過自己的力量扭轉孩子的觀念，也可以在必要的時候保護自己和孩子的未來。

當然，職業轉型沒有那麼簡單，很多人短時間內連續換了好幾個工作，因為職業轉型也是一個試錯的過程，中間會有很多的考驗，就像每個人都有很多面，雖然不一定每一面都是你喜歡並認可的，但也需要你逐一去了解。

這個過程非常具有挑戰性，可經歷這個過程，能讓人充滿了成就感。

一個人能在自我價值和社會價值之間取得雙贏，是一件很困難的事，但不斷靠近的過程會帶給你巨大的收穫，不管是內心給自己的讚賞還是外界的肯定，不管是精神上的還是物質上的收穫，都會令你驚喜。

如果你不理會自己內心的召喚，上班上得很痛苦的時候，你就會意識到自己因為沒有勇敢接受人生的挑戰，而失去了一些重要的東西。

在我們既往的生活經歷裡，真正透過自己的經歷而獲得的寶貴經驗其實沒有那麼多，靜下心來想一想，大部分經驗其實都是家庭、父母、社會灌輸給我們的。

那些重要的東西往往埋藏在我們的內心，如果我們從來不去嘗試實現它，它就只能一直埋藏下去。

有人說過：「人類進步的本質是什麼？就是下一代不怎麼聽上一代的話。」

這句話我深以為然，如果人人都聽別人的話，世界將一成不變、毫無發展。先有一小部分人偏離了大眾軌跡，做了自己想做的事，最終獲得了好的結果，受到大眾的認同和接受，於是更新了大眾的軌跡。如果真有一種權力能規定每一個人做什麼、想什麼，那人類的進步早就到此為止了。

回頭想想，人生中很多關鍵的節點，都源於一次沒有計畫的嘗試。是嘗試改變了最初的畏懼感，帶來了全新的體驗和認知。人生就此改變。

這與很多科學育兒觀念對父母的建議如出一轍，如果我們能夠鼓勵孩子勇於探索，對孩子的嘗試充滿信心，那麼我們也應該將這份心意分給自己一些。

美劇《法庭女王》（*The Good Wife*）中，一位女性律所合夥人問主角之一的亞莉莎想要什麼，亞莉莎回答：「我想要快樂的生活，我想要掌控自己的命運。」

7 年之後，她做到了。

在此分享劇中一段經典的臺詞：「當你試圖敲的門終於為你打開，不要問為什麼，快步跑進去就是了。事情就是這麼簡單，沒有人會為你打點一切，沒有人會欣賞你的消沉。」

最後，我要告訴所有的女性：我們腦海中曾經幻想的那些令人害怕的結果，並不一定是客觀的，也並不一定真的會發生。

當一個人行動起來時，周圍的環境會發生改變，你的眼睛所看到的東西也會隨之變化，此時以前從未察覺的壞事、好事都會冒出來，而你要做的，便是大膽行動，不要被思慮禁錮住手腳。

勇敢嘗試，並不是要讓大家盲目行動，而是要在一種不懼改變的心態下行動，只有勇於嘗試，才能改變讓你不滿的現狀，只有腳踏實地地挑戰，才能掌握屬於你自己的人生。

教育，不應該用連你自己都做不到的標準去要求孩子，而是應該以身作則地去影響孩子。在嘗試的過程中，也許會有痛苦或失敗，也會經歷挫折，但這是一個立體且真實的過程。在這個學習的過程裡，孩子能感受到媽媽的勇敢、堅韌等良好品格。這樣一個獨立的，對自我價值和社會價值有著追求的媽媽，自然也會成為孩子內心崇拜和學習的對象。當孩子長大了，他會由衷地讚嘆：「我的媽媽最棒！」

因為你確實是最棒的。

第十五章
心理諮商，不需要偷偷摸摸

我清楚地記得，剛有了孩子的那段時間，我根本沒時間寫作。當時我每天必須面對大量的家事，還要照顧禮物，在他醒著的時間裡，我幾乎沒有空閒的時間。而寫作這個工作，必須有安靜的空間才可以進行，中途還不能被打斷。

寫不出來文章的時候，我一遍一遍地翻冰箱，嘴裡叼著各種吃的，像頭母狼一樣在餐廳裡來回踱步，可是卻一點靈感都沒有。

我想起從前單身的日子，當時在娘家居住，趕稿子時把自己關在臥室裡奮筆疾書，誰叫也不開門，只有吃飯時才出來，吃完了放下筷子繼續閉門寫作，家庭的運轉是我媽操心的事。

結婚生小孩之後，我對那些一邊帶小孩一邊讀書或是仍然能保持創作的超人媽媽們感到十分欽佩。她們一定是壓縮了很多自己休息的時間，並且具備高效的注意力，才能達成這樣的成就。即便不是天賦異稟，也不是一般人能輕易做到的。

以前的作家、藝術家、學者之所以大多都是男性，是因為他們就如同單身時候的我，能夠將全部的時間和精力投入到「自己」的事情上，何況家中有賢內助，甚至很多人的妻子會充當他們的助理，幫助他們承擔校對、謄稿、事務處理等繁雜的工作。

「被壓迫」是我在那段時間裡最為強烈的感受，我經常覺得暗無天日，甚至喘不上氣。

雖然很多心理諮商師把這種「壓迫感」解釋為「產後憂鬱症」，但我知道這種壓迫感的誕生不只是因為自己心理上出了問題，更是源於社會對女性的不公。

這幾年，我們的公開資料和記憶裡留下了許多與「女性」相關的話題。它們很少是令人振奮的，更多的是負面的。它們也很少是新鮮的，只是以不同的形式在太陽底下一遍一遍地發生。

人們開始變得敏銳，似乎是近幾年出現的如浪潮般湧來的女性話題，其實不過是現實冰山的一角。歷史上大量未曾暴露的故事，背後有著更為複雜、龐大、混沌的脈絡，像一棵巨型大樹的根，勾連著一代代女性的命運。

之前的很多年，「產後憂鬱症」並不被重視，有時還會被產婦的家人們以揶揄的口吻，在家庭矛盾難以解決之時，用推諉責任的方式丟擲來。

很多心理問題的發生，恰恰是因為我們的文化裡對它習慣性的忽視與抗拒。

心理疾病很長時間都與「精神疾病」畫等號，人們抗拒談論，更抗拒承認，更別提有科學的認知。

在我國中時，第一次正式接觸到心理學，老師們帶來的人格分類等知識讓我十分感興趣。非常幸運的是，溫柔博學的女老師在課堂上對正值青春期的孩子們說了這樣一段話：「心理疾病或者心理障礙不是精神病，我們大多數人都有不同程度的心理障礙。而心理疾病患者很少會傷害別人，反而更容易存在自毀傾向。」

從那以後，在任何時候聽到誰產生自毀念頭時，我都會第一時間建議他們去尋找專業心理諮商師的幫助。

就像一個人突發急病，得去醫院找大夫，而不是在家裡用偏方試驗。

在一個人漫長且細碎的人生中，幸運與平順都不會一直持續，幾乎每個人的生活都是按下葫蘆浮起瓢，誰也無法保證自己的心靈永遠不遭受磨難。產後憂鬱症好發，也是因為憂鬱情緒潛藏在每個人的心裡，不僅僅是許多生育後的女性，各個年齡層的其他人群也會有憂鬱、焦慮等不同程度的隱性心理問題。

真應了那句調侃：作為現代人誰還沒個病啊。

女性特有的痛苦

女性所謂的「母性」和「母職」是與生俱來的，還是被社會界定的？

我們在前文中也討論過，在「母性」、「母職」、「女主內」等長期縈繞於耳的規訓之下，女性的社會角色始終被禁錮在家庭範疇之中，即便女性走出了小家庭，仍然有無數個「父權大家庭」在等著你。

身為女性，我們總是會感到有無數人站在一邊，對自己該做什麼不該做什麼、做到什麼程度隨意指點。

尤其是當你成為一個母親之後，容易被人忽略的一點：除了是「媽媽」之外，你還是你自己。

我想說的是，社會不能將母親的角色理想化，用艾德麗安·里奇的話來說，我們需要把女人的「母性」作為一種「體驗」，而非父權結構下的「成規」。

沒有完美的人，亦沒有完美的角色，一切極端導向的詞彙都是陷阱。

社會輿論對男性犯的錯總是特別寬容，對女性的評判標準卻異常苛刻。這並非個人的痛苦，而是整個社會日積月累形成的風氣所致。當女性成為母親，在養育過程中會經歷無數的不公平和困難，結果往往讓人感到無力。

在許多現代家庭裡，嬰兒有任何意外，母親常常是第一個受到指責的人，可她們也是最不希望看到這種結果的人。有位作家詳細記錄了他的女兒妞妞罹患惡性眼底腫瘤的事情，在妞妞患病期間，父母陪伴她度過了短暫的一生。我在高中閱讀這本書時，只會為了妞妞的痛苦而落淚，但當我成為一個母親之後再讀這本書，一方面會與妞妞的父母共情，一方面更為那些無法健康成長的孩子感到難過。

也有很多女性是在生了第一個孩子之後，才意識到作為女性，在這個社會上所遭遇的不公。比如有的父母會預設「嫁出去的女兒潑出去的水」，口口聲聲 100 分的愛，能落到實際行動上的只有 50 分；比如公婆所謂的「生男生女一樣好」，背後的意思其實是「生個男孩當然更好」。

這些是許多人無法改變的現實，但它們的存在會發人深省。

成為母親後的女性，內心忽然產生了那麼多從前不知道的憤怒。在孩子出現不妥行為時，眾人會在第一時間議論媽媽是否失職，卻很少有人提到爸爸是否失職。

以下這種情形想必大家都很熟悉：一位媽媽帶著自己 2 歲的女兒去上啟蒙課，不知道為什麼，孩子一直在嚎啕大哭，從教室哭到走廊，再哭到廁所，整層樓都迴盪著她的哭聲……這類場景也許你不僅在啟蒙班見過，在高鐵上、飛機上、商場裡、餐廳裡也都見過。

大人已經在努力安撫孩子了，但安撫並不總能立刻發揮作用。為了帶她來上課，這位媽媽也許連臉都沒有洗，衣服也是胡亂抓起來套上的，其實她本身並不是這樣邋遢的人，只是有時候現實讓人太無奈。

痛苦並不會使人成長，長期浸潤在痛苦中反而會使人怯懦，內心深處的痛苦是不能夠輕易被自我化解的。很多時候，創傷會帶來創傷後壓力症候群（PTSD），反覆的創傷會令人選擇性地遺忘，甚至是解離（一種或多種正常、主觀的完整心理生物功能的瓦解或中斷。所指的心理功能包括記憶、身分、意識、知覺、運動控制等）。

心理諮商師不能幫你解決一切問題，所以許多媽媽的不良現狀，只能由她自己行動起來去改變。

心理諮商師會認真聽你講話，用心和眼睛觀察你，將你的情緒接納下來，並將你內心深處最想要的關係的模樣描摹出來。

這樣解釋，你是否能明白呢？心理諮商是有邊界的，它並非萬能，但可以真正幫助到你。

我與很多正在進行心理諮商或者已經結束了階段性心理

諮商的媽媽們保持著溝通，不光我一個人受益良多，她們都表達了對這種神奇體驗的感謝之情。

其中一位媽媽說：「如果不去做心理諮商，我永遠都不會知道自己的存在不是錯誤。」

另一位媽媽說：「心理諮商確實挺貴的，但我一想到『忍一時子宮肌瘤，退一步乳腺增生』，就覺得這些錢拿去治那些被氣出來的病，倒不如從根本上解決問題。」

心理諮商確實無法像靈丹妙藥一樣解決一切，但它會深入筋脈，讓我們執著在某一個角度的頸椎活絡起來，扭向之前被忽視的另一邊。因為心理學廣闊的角度，提供了復原的支點。

自救與他救

很多新手媽媽都曾經被別人說過「太矯情」、「身在福中不知福」。生育之後出現的產後憂鬱症狀是否是女性特有的呢？

也不盡然。

假設一位女性生產之後，將育兒事務全都交給爸爸，那麼爸爸是否也會出現產後憂鬱的症狀呢？

答案是會的。

女明星戚薇的丈夫李承鉉曾坦言自己有過這樣的感受，以前對於全職媽媽或者全職家庭想得太簡單了，可能看上去很輕鬆，實際上卻耗費了大量的精力和時間。當他產生負面情緒的時候，很容易向女兒發怒，雖然女兒也許並沒有做錯什麼。對女兒發完脾氣之後，他又開始自我譴責，覺得自己不是一個合格的爸爸，又開始努力去學習如何做一名合格的爸爸。

由此可見，產後憂鬱不分男女。說白了，就是誰負責誰憂鬱，誰帶小孩多誰憂鬱。佛洛伊德在《悲傷與憂鬱》(*Mourning and Melancholia*)中提道：「當你悲傷的時候，你覺得世界是空的；而當你憂鬱的時候，你覺得自己是空的。」

這種「空」的感覺，形容得非常貼切。我在陷入憂鬱時，常常感到自己被封在一層透明的薄膜裡，我與世界和他人無法產生真正的觸碰，我的一切都被裹起來了，緊到令我無法呼吸。

那麼如何才能判定自己或他人得了憂鬱症，而不只是憂鬱情緒呢？

除了使用正規醫院或心理諮商機構的 SDS 憂鬱自評量表之外，還有其他幾個簡單的方法可供參考。

首先，這種低落的情緒持續多久了？

是今天生氣明天就忘了，睡一覺吃頓好的就能緩解，還是這種低落灰暗的感覺持續很多天卻仍舊無法排解？

其次，憂鬱感只是針對偶發事件，還是對整個人生都有強烈的否定感？

有人在工作中犯錯，被上司罵了一頓，下班氣得要死，找朋友喝點小酒吐槽一番，次日又像沒事人一樣上班去了，見到上司心裡想的是「去你的吧」。

有人因為在工作上受挫，導致他開始懷疑人生，覺得自己就是個廢物，這輩子一事無成，從早到晚都覺得自己好失敗。

如果你屬於後者，這樣的狀態持續了一陣子的話，那就要及時干預了。

最後，中度以上的憂鬱症會因為心理狀況不佳而引發不良生理反應。比如長期失眠，睡眠品質差，甚至徹夜不眠，可一旦睡著又很難醒來，甚至達到嗜睡的程度，這是身體自動地在逃避醒來之後的痛苦感受。

極度痛苦不僅僅帶來苦惱，甚至讓部分人想要放棄生命。

我也經歷過那種灰暗的時期，清楚地知道這種狀況並不是他人可以解決的，也不是簡單的「想開點」或者抱怨幾句就能過去的。

跟大家分享一下我某段並不愉快的經歷吧。

第一個前提，當時由於我獨自帶小孩將近 3 年，這期間本身就累積了很多委屈的情緒，而我這個人從小性格獨立，不願意輕易向人求助，尤其是求助無門之後，強烈的孤獨感讓我非常痛苦。

第二個前提，夫妻關係的長期疏離使得我無法從親密關係中獲得正面回饋和被愛的感覺，再加上當時的伴侶本身就是一個不夠成熟的人，維護這段關係讓我筋疲力盡，我無法接受貌合神離的婚姻關係。

後來在討論離婚的過程中，雙方產生了很大的分歧——我要離婚，對方拒絕。

人並不會被分歧擊倒，真正會讓人感到恐懼和痛苦的，是在出現分歧時所產生的攻擊行為，幾個小時的謾罵、持續幾天的冷戰、一整夜的自言自語、自殘或者自殺威脅等等，女性的弱勢在這個時候展現得淋漓盡致，我只能沉默。

在長達一年的精神壓力下，因為非常在意孩子的心情，我既不反駁也不爭吵。一次，禮物的爸爸突然暴跳如雷大喊要離婚，2 歲半的禮物反應卻非常平靜，他指著家具顧左右而言他：「媽媽，這是什麼？」

我回答：「這是桌子。」然後起身抱著他離開了令人壓抑窒息的客廳。

如果你問我，在這一年半中是否動搖過，我會誠懇地回答：「有過。」巨大的心理壓力和痛苦讓我非常糾結，害怕處理不好會傷害到我心愛的寶貝，也害怕自己在這個過程中會墜入更深的絕望。

之後有一天，我在街邊看到一個媽媽牽著一位小學生走在路上，這位媽媽不管說什麼，孩子都要大聲反駁，並且是用鄙夷的口氣。

那一刻，我想我必須離開「有毒的環境」了，自己即便為了孩子委曲求全，也不會有什麼好結果，不被尊重的妻子也不會成為被尊重的媽媽。

在我堅持要離婚的這段時間裡，突發過兩次令我極度痛苦的事件，孩子的爸爸毫無預兆地將孩子帶離本市，差一點將我推入「死局」。

崩潰來得很迅速，靜止心率不超過 70 的我在接下來的幾天都持續著高心率的狀態，人的本能及欲望降到了最低，無欲無求，只因毫無希望。

絕望這個詞，在某種意義上是個很匱乏的詞，它只有兩個字，卻描述了一種根本無法用語言形容的狀態，絕對超出了這兩個字所能展現的。

只有經歷過這種狀態，才能體會到有多麼絕望。到現在我都記得那種異常痛苦的感受。以前我不明白什麼叫天都塌了，那時我明明白白看到天地一片黑暗混沌，我整個人被無形的手揉搓成一團血肉，毫無抵抗能力，發不出任何聲音，一切感受都被憋在身體裡，我失去了訴說的能力，也失去了感受其他事物的能力。

大腦一片空白，肉體感知剝奪了頭腦運轉所需的熱量，它們前所未有地被放大，充滿了所有的感官，並且聯動起來。

我開始毫無食欲，吃飯味同嚼蠟，也睡不著覺，因為腦袋裡無數的念頭停不下來，看到太陽只覺得刺眼，到了黑夜只覺得漫漫無涯。

也許是被我的樣子嚇到了，那段時間我身邊便始終有人寸步不離，生怕我出什麼事。後來我的摯友與我講起，她說：「我能感到你的生機在一點一點地消失。」

當時是夏天，我躺在床上渾身發冷，咽喉裡是熊熊的火，心臟一直在高速跳動，一度讓我呼吸不暢，整個人虛弱到極致，走幾步路都會雙腿發軟。

心痛，手指痛，胃痛，腦袋和耳朵裡痛，連眼球裡的血管也是痛的。

我不再產生任何複雜的情緒，只有簡單粗暴的想法，除了無法抑制的恨，就是無法抑制的自盡的念頭。

有一天深夜，我依舊沒能入睡，躺在床上看著窗外的月亮，似乎它在叫我過去。現在回憶起這一切，我才發現很多試圖自殺的人並沒有騙人，當下那一刻的感受的確如此。

我很幸運，我的一位遠在千里之外的好友，她也深受心理疾病的困擾，以至於久病成醫，敏銳的她察覺到了我的異常，用了幾個小時的時間一邊請教專業心理諮商師如何調節，一邊與我進行文字對話。

當晚算是平安過去了，沒想到在隔了一天之後，看起來似乎好了的我，還是沒能堅持住。

如果那天是一個陰天，也許你們就不會讀到這本書了。

我支開身邊的朋友，關上手機，寫好遺囑，穿上自己最喜歡的綠色吊帶裙，我站在露臺上，恰巧看到了漫天的火燒雲，紅透了大半個天空，異常壯麗。

我很喜歡夕陽。我沒有跳下去。

後來我想，我還是熱愛著這個世界的，世界也善待過我。但我不能假設每一個深陷絕望的人都能有這樣的幸運。在無法自度時，別忘記還有一通免費電話可以打。[01]

一個人想解決困難，首先要解決自身的問題。

當我們病了，無法靠自己的力量解決時，求助於心理諮商師與生病時求助於醫院裡的醫生無異，都是對自己的生命負責。心理的疾病也和身體的疾病一樣，不用想太多。

當我們去治療身體疾病時，一定會不惜一切代價讓自己恢復健康。而心理疾病往往更隱祕，可能沒有明顯的痛覺與體徵症狀，但對人的摧毀力不容小覷。

生命是一趟單行的列車，一定要記得定期檢查、保養、修繕這輛列車，這是我們能夠為自己做的最基本的事。

---

[01] 若您或身邊的人有遇到心理困擾，目前各縣市政府衛生局社區心理衛生中心都可以提供或轉介心理諮商的服務，亦可撥打衛生福利部安心專線 1925（諧音：依舊愛我）提供 24 小時免費心理諮詢服務，或撥打生命線 1995 及張老師 1980，亦可提供適當的心理支持。

第十六章
突破僵局，
找到適合的交流方法

當今世界已進入資訊時代。而在遠古時期，交換資訊不僅是人類的生存必備技能，也是動物避開災難的手段。科技的發展使得現代資訊交換的速度更快、範圍更廣、方式更多元。

交流，依舊是當今人類生活中很重要的一環，隨著人與人之間的交流更加深入、複雜、多面，對現實生活也會產生不同的作用。

人的感情也是建立在人與人之間的交流之上的，交流一旦停止，感情也會跟著冷淡起來。

交流產生的碰撞是非常美妙的。當人們戀愛時，這樣的碰撞具備極大的魅力，而進入婚姻後，由於生活目標的趨同，交流變成了朝同一目標的單行道，自然也就感受不到曾經火花四射的愉悅。

此時會產生一個新的挑戰。

結婚生子，意味著彼此深度參與到對方的生活中，完全看清彼此的真實面目，同時了解更加真實的自我。將生活中的一切波動都完全分享給對方，瑣事之中展現彼此的生活態度和三觀。共同建構的圍城既能保護彼此，也能深深地傷害對方！

如果不是因為有愛，恐怕沒人願意迎接這樣的挑戰。

並不是每次挑戰都能順利進行，很多人在這個過程中會陷入僵局，尤其是女性。成年人的世界和學生時代時不同，沒有人會為我們鋪設出一條康莊大道，我們只需心無旁騖地努力即可。成年人不僅要為自己和家人努力創造出良好的物質環境和心理環境，還要努力完成這條路上更新打怪的任務。換句話說，你就是自己的依靠，在這條路上，你的伴侶也許不能一直與你同行。

從小我就和大多數女孩子一樣，一直受到一種很制式的自我認識的暗示 —— 女孩長大了要工作、結婚、生子，就這樣過完一生。於是當這個過程中突然有環節受阻時，我首先得想辦法解決它。而當我發現根本解決不了時，就會產生巨大的挫敗感和坍塌感。

沒有人告訴我，當你的人生伴侶無法與你同行時，該怎麼辦？

女人之間的真摯友誼

很多人包括我的媽媽都曾跟我說：「別看你現在跟你的朋友們的關係如此要好，恨不得同穿一條褲子，但當你們結婚生子之後，會慢慢地不再聯繫對方，這種情況會持續到孩子長大離開家、丈夫退休的時候。到那時你才有時間重拾年輕時的友誼。」

似乎女人的友誼天生是不長久的、脆弱的，永遠不如男人的友誼來得強烈和持久。近些年的社會輿論中，「閨密」一詞產生了一種暗地裡較勁和互相搶奪嫉妒的論調，閨密也隨之成了一個貶義詞。

但我的人生中並沒有遇到過這樣的情況，當我將這個問題向我的閨密們丟擲時，得到了出奇一致的回答：「如果一個男人讓我和閨密都產生了曖昧情愫，那這個男人一定有問題，最好誰也不要選他。」

看，問題就這麼解決了。

我在她們身上學到了很多，比如旁若無人的自信，比如理直氣壯地質問，比如不落俗套的回應。她們鮮活、真實，各有各的脾氣，也各有各的道理，也許與我無法完全「相容」，但彼此「執行」得很順暢，絲毫不存在「系統」衝突，相處的日子也甚為美妙。

一個人的世界就只有那麼大，但如果你有了朋友，她帶著你，你帶著她，互相沿著對方的軌跡走一遭，我去你的世界裡看一看，你也來我的世界看一看，我們的世界就一起變得更廣闊了。

曾經有很多人發出過這樣的疑問：「女人之間是否有真正的友誼？」

這個問題就如同它的孿生問題「男女之間是否有真正的友誼」一樣，根本不需要回答，因為這個假設本身就是偽命題。

真正的友誼能夠產生在任何個體之間，不拘泥於形式，也不受限於性別，甚至不會被物種所困，重點在於，如何定義真正的友誼呢？

在我 10 來歲的時候，我認為一起上下學、坐隔壁、傳小紙條、分享少女心事的同學與我便是真正的友誼了，那時候我們曾經以為可以一輩子這麼好下去，這種憧憬和愛情一樣。

在我 20 多歲的時候，我認為無條件信任、無條件支持我的朋友們是真正的友誼，因為當我站在選擇的關口，是他們告訴我無論如何都會站在我的身後，哪怕我愛錯了人、選錯了工作。

當我 30 多歲的時候，我不再思考這個問題，因為人與人的相處模式是不一樣的，而我會用自己的不同面去和不同的人相處，它們都是真正的我，而對方也與我產生了真摯的友誼，我們包容著對方的不同，也欣賞著對方的美。

不管是透過吃吃喝喝建立起的感情，還是以「君子之交淡如水」的方式相處，甚至與只見過一兩次面或者根本未曾謀面的「網友」之間的聯繫，都是友誼。我能確定的是，女性與女性之間其實並沒有那麼多的惡意，反而充滿了理解、憐憫、尊重、敬佩。

每個人對情感的定義都有所不同，誰也不能將它一刀切，答案不在書上，不在別人的口中，只在你自己心裡。

我有一個因臉書建立起來的媽媽群，這個群陪伴了我五六年，群裡各家各戶的孩子們都是我們看著照片和影片長大的，我們彼此知曉對方的過去與現在，很難與家人開口講的祕密也會分享給大家聽，大家的意見中肯且真誠。

工作之餘，我們還會互相推薦書籍、課程和日常資訊，涵蓋範圍廣，幾乎沒有我們不能分享的內容，經常前腳討論如何解決幼兒便祕，後腳就談到了人生的理想與追求。大家也會感嘆：這是多麼神奇的對話啊！

這樣的交流，可以說是「神仙友誼」了。

我記得 26 歲時，我想在工作之餘創業，便和一位相交甚好的閨密商議，最後一起開了一家婚紗店。雖然店鋪最終在我臨產前被轉售了，但創業的 3 年中，一起被社會毒打的日子還歷歷在目，至今聊起來都覺得十分有趣。

在我身上發生過很多類似的故事，我的朋友來自五湖四海、各行各業，在我們頻繁的交流中，我也從友誼中獲得了很多的力量。

現代女性之間的友誼並不比男性間的友誼低一等。男女之間也存在純粹的友誼，在友情領域互相認可，並沒有那麼多隱情。

至於為什麼結了婚生了孩子，好朋友便漸漸散去，我認為還是「為家庭退讓和奉獻」的念頭在作祟，任何感情都是需要經營的，如果沒有時間和精力參與到與他人的交往中，那友情自然便淡了。

還有一個很重要的原因，是人生節奏不同導致的認知不同。當已婚已育的女性進入到新的人生階段時，確實很難參與到單身未育的閨密的話題中去，很容易發生互不理解的情況，畢竟人生的主要矛盾已經完全不一樣了。

時間會帶走舊事物，也會帶來新事物。人就是在這樣一邊走一邊失去的過程裡，精簡了生活，也斷捨離了人際關係。

我有一位大學同學，她並不算是擅長與人交際的性格，甚至可以說有些內向，大學 4 年與班裡的同學也不怎麼熟悉。某一天她突然愛上了手語，簡直如痴如醉，恨不得睡覺做夢都要練習比手語。

愛好促使她加入了手語社，這下子可熱鬧起來了，幾十個有一樣愛好的年輕人湊在一起，歡快得不得了，她在手語社裡與大家相處甚歡，交到了幾個好朋友，一掃之前痛苦的人際煩惱。

所謂交朋友，就是要去交往，不管是依賴於感情基礎還是愛好特長，每一個人都需要獲得友誼。

建議每個女性都能多為自己安排屬於自己和朋友們相處的時光，多安排一些姐妹間的「純粹友情日」。

你的朋友是長在你後腦勺上的眼睛，千萬不要將它們矇住。古人云：「唯在辯中，乃能生之至計、宜也。」

誰來加入爭辯呢？正是我們的朋友啊！

靠近真正的知識

歷史學家尤瓦爾·哈拉瑞（Yuval Noah Harari）指出：「資訊不是知識，資訊就像一堆亂七八糟的木樁和石頭，而知識就像蓋房子，你要仔細地把這些淩亂的木樁和石頭按照正確的順序擺放好才行。」而現在的資訊太多了，人們要把零碎的資訊搭建成一個有意義的知識架構變得非常困難。這也是為什麼很多人感慨「聽了那麼多道理，依舊過不好這一生」的原因，大量的資訊不一定能指導我們的行為，可能你讀了很多資料卻依然茫然若失，還是感到很失落，因為你沒有真正獲得有用的指導。

在豐富的資訊之中，人反而變得貧瘠。

越來越多人患上了「閱讀障礙」，他們不再能花幾個小時好好讀一本書，甚至很多人不能坐下來好好看完一部電影，而是去看 5 分鐘的電影解讀。

當代年輕人真正需要的是蒐集碎片資訊並整理出全域性視野的能力。

如果你不具備這樣的全域性視野，那麼面對新鮮的事物，就總會被牽著鼻子走，從而喪失專注力以及找準自己定位的能力。

當我還是學生時，對這一點的感受並不明顯，可進入社會之後，便發現很多成年人跟我說過的那些話原來是真的——要珍惜在學校的時光，因為只有在學校裡才更容易學習到知識，上班之後想要學習會越來越難。

尤其是我在公家工作的那幾年，對此的感受更加明顯。我的時間和精力被大量瑣碎的事情占用了，根本沒辦法在工作之餘汲取更多的知識，只能透過一些娛樂節目讓我的大腦放鬆一會。

但是真的有好一點嗎？恐怕沒有。

不管是刷短片還是看 IG，我都只能得到大量的零碎資訊。大腦在白天處理工作時就是這樣的運作模式，結果休息時還是這樣的運作模式，這也是為什麼我們總會感到越休息越累。

我認識一位學霸朋友，她告訴我當她感覺到寫題有些累了，就去打羽毛球換換腦子。聽到這裡，我的感想是：「你確定你不是在炫耀嗎？逗我呢？」

從科學用腦的角度上看，她說得很有道理，在運動的時候，她的大腦的確得到了休息。運動產生的大量多巴胺和內啡肽，會讓人產生一種非常「高級」的愉悅感，遠勝於刷短影片獲得的樂趣。

好在我既不打遊戲也不愛看直播和短影片，我所有的閒暇時間至少有一半都用在了看電影和看書上面，書籍確實為我打開了很多扇通往外部世界的窗戶，使我受益匪淺。

多讀書的好處是無窮無盡的，而且要廣泛、多類別地去讀書，不怕不懂，就怕不讀。可以說，書籍幫助我建立了自己的世界觀、價值觀、人生觀，也形成了我的一部分認知體系，而實踐讓我擁有了分辨能力和邏輯思維。

在學校裡，基本都是老師教到哪裡就學到哪裡，孩子的腦中既不知道為什麼要學，也不知道所學內容在知識體系中的具體位置。而具有高智商和敏銳學習力的孩子，很快就能掌握一套屬於自己的學習方法。

這個現象其實並不是我發現的，有一本叫做《費曼學習法》（*Feynman Technique*）的書，裡面提到「主動學習的重要性」，我讀到這裡的時候，才明白自己在學校裡其實一直是被動學習的，難怪我沒有成為學霸。

我要「敲黑板」了，各位媽媽們，如果你想為孩子展示學習力的重要性，讓孩子體會主動學習的快樂，掌握主動學習的方法，可以關注這方面的知識。

這一套提高學習力的方法，在經過我和學霸朋友們的討論後發現，確實具備可操作性，其中有幾位學霸朋友表示，他們並沒有意識到原來自己是因為掌握了這套方法才成為學霸的，還一直以為是自己天生愛學習、有悟性呢。

看看，學霸的又一次炫耀！

在此我可以跟大家大概分享一下這其中的主要邏輯。

第一步，明確目標。此時的目標一定不能太過遙遠和抽象，最好是非常明確具體的目標，這樣才有利於激發內在動力。

第二步，學習新知識，並且要經常與他人進行討論。這種資訊交流的回饋會帶來強烈的印象，從而促使自己主動思考。

第三步，用教課的方式講出來。這一步是關鍵，因為知識待在腦子裡是沒有用的，只有經過這一步，你腦袋裡的知識才能轉化成自己的語言儲存下來，並且對外輸出。

第四步，覆盤與簡化。對外輸出之後，一定會有表現不佳或者吃不透的部分，所以需要覆盤整個過程，找出不熟悉的內容進行二次「回爐」，並將已經內化的部分進行簡化，最終掌握重點。

寫到這裡，我簡直忍不住拍手叫好。

原來這就是我們在學校裡聽課、回答問題、做作業、考試、改錯的過程，只不過我們的教育裡對孩子們主動進行這一步缺少引導，於是我們渾渾噩噩地經過應試教育，考上大學之後就徹底「放飛」了，完全沒有領悟這一套「內功心訣」。

這種學習力的建立，可以幫助我們認知陌生的新事物，也可以指導我們快速掌握工作技能。在我辭職之後成為自由職業者的這幾年，它讓我受益匪淺。

真正的知識，就是在這樣一次又一次的循環中儲存在我們腦中，成為我們的基礎認知和底層邏輯的一部分。

很多書籍當中都提到，一個人的認知邊界，就是他的行為邊界。

各位媽媽們，讓我們用書籍和學習力，用真正的知識滋養我們的眼界和認知吧！開闊的視野，必然帶來開闊的心胸，自然也會帶來開闊的自我，我們的孩子也會在這樣的感染之下，成長為更豁達、更獨立的人。

時代在變化，世界亦瞬息萬變，沉迷於大量瑣碎的資訊裡並不能讓我們靠近真理，反而會陷入資訊繭房。雖說盡信書不如無書，可能夠用辯證思維去看待事物的人，首先要獲取大量的知識，才能有這樣的能力。

薛丁格在《生命是什麼》(*What Is Life ?*) 中說過：「人活著就是在對抗熵增定律，生命以負熵為生。」

也就是說，任何一個系統，如果沒有外力做功，系統總混亂度（熵）會不斷增大。大到宇宙，小到生命體，都是如此。所以一切符合熵增定律的，都會讓人感到舒服，也很容易，因為它天性如此，比如懶散，比如無序。

生命為了對抗熵增，需要開放自己與外界交流，這樣才能改變內部環境，促進新陳代謝，持續保持演化。

我們焦慮、折騰、交流、與自我對話，這些都是人類幾千萬年以來的本能，因為我們想要變得更好。

站在這種更為宏大的角度上來看，媽媽「富養」自己，既能滿足基因天性裡的「自私性」，也是對抗熵增的必然方向，確實要放在第一位。

這個時候再說本章最開始提到的僵局 —— 若伴侶無法同行該怎麼辦，恐怕我們要重新定義伴侶的概念了。伴侶不僅是狹義上的愛人，還可以是朋友，可以是知識和真理，也可以是我們自己，更可以是廣闊的世界。

我們選擇「富養自己」，正是要培養自己獨立思考、科學辯證、理性的大腦，當你開始打破僵局的時候，你的人生會有更多可能性。

第十七章
陪孩子從依賴走向自信

並不是每個人從小就能擁有強大的自信心，大部分人其實小的時候都沒什麼自信。像我這樣從小就擁有比較多的上臺經驗的小孩，4 歲時還能很自信地站在舞臺上唱歌，可到了 6 歲就不怎麼敢當眾唱歌了。從這個角度看，以前只是因為無知者無畏罷了。

一個人在成長過程中的不同階段，自信程度也是不一樣的。很多媽媽跟我提到，孩子小時候很怕在幼稚園舉手回答問題，結果兩年之後，上小學的孩子突然有了變外向了，能毫不畏懼地與陌生人搭訕，也不怕回答問題了，即便是說出了錯誤的答案，也覺得沒有什麼大不了的。

人是動態發展的，尤其是孩子的成長，是一個非常複雜且多變的過程，要求孩子始終保持自信，恐怕是不現實的。

我至今都記得自己的青春期階段，那種對世界一知半解又充滿憤怒的敏感心理，那個時候我不僅不相信自己，更不相信所謂的大人的世界。

然而不管歲月如何變遷，內心如何發展，自信的核心是不變的，那就是愛與被愛。

一個自信的人，心智是健康、健全、完善的。一個被愛著的人是不會徹底失去信心的，被愛呵護著的孩子擁有強大的力量，即便經歷許多挫折，也不會完全失去自信。

現實也許很殘酷，但任何一個媽媽都希望看到自己的孩子有堅忍、樂觀的品格，因此幫助孩子建立和鞏固自信心也就必不可缺。

如果連媽媽自己都不自信，是無法培養出自信的孩子的。

用核心競爭力建立他信

他信，是自信的另一種展現。

他信有兩層含義，一層是一個人勇於相信別人的一種直覺和判斷力，另一層是他人的相信對自己的鼓勵和加持。

在建立自信的初期，很多人都是先建立起他信，才能逐漸變得自信。美籍物理學家錢致榕曾經談起他高中時代的一段經歷。

那時很多學生喜歡作弊，不求上進。學校裡有一位責任心很強的老師，他從 300 個學生中挑選 60 人組成了「榮譽班」，錢致榕也在其中。

老師明確宣布，被挑選出來的是最有發展前途的人。於是被選中的 60 人十分高興，對前途充滿信心，開始踏實學習，後來也大多有所建樹。

當錢教授回到高中再次遇到那位老師時，談及此事，他才知道當年的 60 位學生是隨意抽籤決定的。

育兒專家也建議我們多誇獎孩子、鼓勵孩子，幫助孩子建立對自己的信心。這種正向回饋式的方法，正是先讓孩子感受到別人對他的信心，然後使他產生對自己的信心。

但是口頭的誇獎聽多了也就不再有用了。很多時候，信心的建立必須要透過某種實踐才能落到實處，就好比做成一件件小事，持續得到正向的回饋，才能逐漸累積由量變引起質變。

這也是為什麼我在前文中講，希望家長能夠觀察並了解自己的孩子，找到孩子真正擅長、熱愛的事情。這是一個非常好的落腳點，在優勢的培養中接受他人的讚賞，孩子在這個過程中，自信心自然也就建立起來了。

這種不可替代的能力，也就是我們經常在職場中所提到的「核心競爭力」。

我們的大腦有一個基本的運作模式：當我們跟外部世界互動時，會先嘗試好幾種不同的方式，然後從中選擇能夠得到最好結果的那一種，試著用它去處理其他相似的情境，一旦得到同樣的結果，就會形成正向回饋，這種做法也會得到強化。在循環之中得到對事情規律的掌控感，也就有了安全感。

所以我們可以理解，在熟悉的環境裡，人更放鬆和自信，在不熟悉的環境裡，自信心往往會減弱。

那麼核心競爭力能造成什麼作用呢？

一個人不管擁有何種核心競爭力，都有對應的領域可施展。只要你有一技之長，你就擁有能夠養活自己並獲得成就感的方式——不拘泥於你讀什麼科系、有什麼背景、做過什麼工作。現在湧現了很多新興的職業，比如劇本殺的劇本設計師、整理收納師、寵物學校老師、電商代營運、手工製作者等等，雖然大眾對此評價不一，但都發展得風生水起。

像我現在的生活，不去上班、在家工作、時間自由、沒有上司和團隊，在我父母的眼中，這不就是所謂的「流氓」嗎？

我剛開始在家裡工作時，他們總是擔心我沒有收入，經常會詢問：「你為什麼不出去工作？」

時間久了，他們逐漸接受了我的生活和工作模式，而且我的工作強度並不低，最後他們總算是放下心。

在這個過程中，其實我也經歷了從他信到自信的過程。很多人給了我鼓勵和支持，讓我明確地知道，自己適合這樣的工作方式，也是擅長這些事情的。

而這一切都得益於：我從小就熱愛寫作。

很多人會說，那是因為你堅持下來了。殊不知，做真正喜歡做的事情，根本不需要強迫自己去「堅持」。

喜歡打球的人，再忙也會抽時間去打球，因為打球讓他快樂。

喜歡美食的人，吃到好吃的會兩眼放光，那麼探店達人這份工作簡直非他莫屬。

不過我們需要用很長時間慢慢地摸索著前進。找到自己的核心競爭力很難，強化與合理運用自己的能力更難，這個過程中可能還會有很多人來潑冷水，告訴你這都是白費力氣！

現在，我也做媽媽了。能夠幫助孩子早些確立自己的核心競爭力固然好，但如果暫時找不到也無須著急，我們可以在嘗試尋找的過程中不斷讓孩子獲得他信。

我想很多媽媽願意在各種補習班花那麼多錢去報課，大概也有這方面的原因，只是還沒能獲得明顯的成果，自己就先動搖了。

擁有讓人更加自信

真正的擁有，包括精神上的與物質上的，是一個人自信的來源。

以前很多人都說做事情不能太在乎結果。在實踐的過程中我發現，階段性目標的制定是必要的，對目標的追求也是必要的。對目標有著怎樣的執著，會影響你在這件事上的努力程度。

而在對目標的追求中，你的自信心也很重要。如果對自己不自信，就不會定一個高目標；如果相信自己能做到，那麼目標會處於一個相對合理的範圍中。

事實上經常會出現的情況是：當我想考 100 分時，努力之後實際只能達到 90 分；如果我想考 80 分，結果往往只能考到 70 分或者剛剛及格。古人云「求上得中，求中得下」就是這個意思。

在一遍遍的失敗中，自信會被打擊。此時若是還拿「結果不重要」來安慰自己，更是自欺欺人。

《山月記》的主角之一李徵厭惡沽名釣譽的官場，他喜歡寫詩，想名揚天下。可他只是一個小官，連養家餬口都很困難，更別說有閒情逸致寫詩。

李徵經歷過金榜題名、進士及第，當時春風得意。卻沒想到在之後的生活裡自己非但沒有跟想像中一樣平步青雲，反而日漸窘迫。這種落差讓他終日鬱鬱寡歡，最終發了瘋，竟然變成了一隻老虎。

變成老虎後的李徵，說了一段非常令人動容的話：「我生怕自己本非美玉，故而不敢加以刻苦思索，卻又半信自己是塊美玉，故又不肯庸庸碌碌，與瓦礫為伍。」

不知道有多少人對此有同感，看到這段話，就像是在看水中倒影 —— 分明就是自己！

一個碌碌無為又不肯腳踏實地生活的人，時常感到自卑。相當程度上是因為沒有足夠的事件讓他產生自信。

很多人混淆了概念，認為人生應該擁有大格局，就不用在乎日常的小事。殊不知，正是那些尋常的小事，才構成了這宏大的人生。

實現目標不是求來的，是做出來的。

10 來歲的我們容易懷疑和憤怒，20 來歲的我們陷入了迷茫。是因為人生中沒有足夠多的經歷支撐我們的認知。

怕這個人說，又怕那個人講，來自他人的嘲笑和輕視在腦海中攔住了自己對目標的追求，最後一事無成，又何來結果？何來進步？何來自信呢？

在這一點上，我們女性要向許多成功的男性學習。他們充滿了對結果的渴望，慕強心態促使他們去行動，大多數只有六分把握的男性敢去挑戰有十分難度的事情，而女性即使有九成把握也不見得敢接招。

其實，收穫是會伴隨著追求目標的過程而來的。

學習上的收穫，也許是榮譽和獎學金；工作上的收穫，往往伴隨著升遷和加薪。這些收穫更加激發了人們的自信心。

英國作家山繆·詹森（Samuel Johnson）說：「既會花錢，又會賺錢的人，是最幸福的人，因為他能享受兩種快樂。」

大概是從小並沒有太缺過錢，我一直對錢是缺少概念的，哪怕是從婚紗店創業到線上賣貨的這幾年，我也算不上精明。但做生意真的是一項非常有趣的經歷，它讓人開闊眼界，也讓人對這個社會以及人與人之間的關係有了另一種認知。

首先是磨出了一個新的「自己」。我沒想到籌備一間實體店面，要花費這麼多心思和功夫。逼得我啊，從產業調查、貨品利潤、貨源考察、門面選址、房價租金、裝修布置、陳列燈光、買賣交付、記帳批貨、面試等流程都親自過一遍，幸好只是開婚紗店，若是開餐廳，還得把衛生局、消防局、食品安全局等走一趟。

從前我是個什麼樣的人？家裡的事情不太操心，社會上也沒有值得我關注的事情，工作結束就是吃喝玩樂，每天不是聚會逛街就是看書寫作，基本上自己顧自己就行了。

等婚紗店開起來，我才感到自己是個真實的「社會人」了。

做生意真的很鍛鍊人。每天一睜眼，租金、人工、水電等花費就在頭上懸著，一天有一天的事要做，哪裡還有那麼多情緒和脾氣呢？

就是那幾年，把我一身的公主脾氣和惆悵情緒磨了個七七八八。

我剛開婚紗店的那一年，總在觀察客人，儼然人類觀察學野生外聘人士。有些女孩很有素養，電話裡約時間時很禮貌，獨自前來，試完婚紗也客客氣氣，但我很清楚，這筆買賣不會成交。果然，她輕輕一揮手，走出店門，說再去逛逛，之後再也沒有回來。

有些女孩帶著男朋友來，試了很多件，試過的婚紗快要堆滿沙發，男朋友卻在一邊等得無聊，拿起手機玩遊戲，每次聽到「你看看這件怎麼樣」，抬頭都是一臉茫然。我知道，這筆買賣也不會成交。付錢的人心不在焉，決定的人沒辦法判斷，多逛幾家恐怕還要鬧矛盾。

有的女孩來試婚紗，呼啦啦進來一堆人，親媽和準婆婆像左右護法，男朋友誰也不敢得罪。每試一件婚紗，親媽樂開懷，婆婆卻話不多，始終不肯點頭，男朋友裝看不見一直滑手機。我知道，這筆買賣絕不會成交。這是一場婚前過招，選婚紗只是個過場。

有的女孩帶著閨密，嘰嘰喳喳地來，笑笑鬧鬧地選，閨密嘴毒但細心：「這件不行，穿著顯胖」、「這件還行，就是你得配個夠高的高跟鞋」、「哎呀，這件真好看！但太露了，你婆婆恐怕會不高興」。

我話不多，有問必答，等著成交。心裡卻感到有些難受，沒想到婚前連選件婚紗都不能做主的女人，竟然比我想像中多得多。

經歷了這些，我終於明白：擁有所謂的體面的工作不是最重要的，擁有持續賺錢的能力、具備開闊自由的思想、能站在自己能到達的最佳位置上，這些才是更重要的。

同時我學會了擺正自己的金錢觀，尊重金錢，重視金錢，不要漠視它，也不要排斥它，更不要羞於喜歡它。

人活著，一方面要好好生活，生活本身賦予了我們各種樂趣，讓我們感受到美好;一方面實現自己的價值，去工作、去賺錢、去打拚，做一個社會中人，在各式各樣的回饋中獲取滿足感。

而金錢就是一種職業價值的回饋，它滋養著生活的樂趣，也展現著職業價值，它怎麼可能不重要呢？

金錢也是一種恩賜，它讓我直觀地感受到自己的努力，也在不斷地驗證我的預設是否正確。

當然，它必須在被得到的那一瞬間成為另一個機會、另一種可能、另一級臺階，而不是一種宣洩或者其他。

我們要面對它的重要性，接受自己對它的渴望，「富養」自己，「富養」各種可能，真正行動起來。

在人類社會裡，有一種倚仗和自信是「知道我有」，這種倚仗也是很多人提出要「富養孩子」的原因。很多人也體驗過，當你的包裡是有五千，還是有五萬，面對許多事做出的選擇會有很大的不同。

就像一個名下有房產的女性，和一個有家不能回的女性，在職場和人際關係中的自信心也會天差地別。

不過，物質不會憑空而來，正是一次又一次的努力才能讓物質安然落袋。

所以更要「富養」自己，只有媽媽有「富養自己」的能力，孩子才會變得更自信。

我相信我能！

運動員如果在比賽時處於忘我的狀態，就會進入心流，無往不勝。藝術家如果在創作時進入心流，就會恣意磅礴，揮灑自如。

我採訪過幾位學霸朋友，他們都表示，自己在考場上經常能進入心流狀態，不再去考慮這道題會不會，而是相信自己肯定能做出來。

這樣神奇的心流狀態，恐怕得先擁有他信和強大的自信之後才能進入。

自信的建立和鞏固是一個漫長的過程，尤其人生本來就充滿變數，挫折、痛苦、失敗都會打擊人的自信心。很多人也一直無法從他信轉化成真正的自信，自我評價總會被他人所影響，反覆在自我懷疑和自我肯定之間橫跳。但當我們回顧過往，我們會看到自己的努力都是值得的。

《挪威的森林》中有這麼一句話：「我一點也沒做好二十歲的準備，挺納悶的，就像誰從背後推給我一樣。」

這本書我 10 來歲時曾讀過，當 30 歲的我再拿起時，發現這段話是如此真實。我們在人生中不斷地尋找自己，而自我認可就產生於尋找自我的過程中。

成為媽媽之後，孩子幫助我拓寬了對自己的認知，完成了很多曾經以為自己做不到的事。比如剛收拾完孩子的尿布，洗個手就去吃飯，又或是連續 3 年沒有睡過好覺，這些生了孩子之後才體驗到的「極限挑戰」，讓媽媽們對自己的生存能力有了更多自信。

然而孩子之間的個體差異之大，教育之艱難，也讓媽媽不斷接受新的挑戰，收穫新的體驗。

媽媽們要相信自己的孩子，也要學會放下心結，找到自信。

孩子與媽媽之間不是單向的索取關係，而是一榮俱榮、一損俱損的相互依存的關係。

第十八章
結果倒推法的神奇力量

結果倒推是一種思考方式，即逆向思考。

它能提高效率，或者說能夠在比較複雜的情況下，幫人迅速地找到解決問題的方法。

如果結果倒推是為了達成一個目標：

那麼就需要進行目標分解 —— 往回推到上一步，再到上上一步。我們要問自己，如果達到這樣的目標，需要做什麼樣的動作？這個動作需要達到的量是多少？這些量落實到每一天，需要幾個步驟能夠完成？

如果結果倒推是為了看清一個本質：

日常生活中有很多本質和真相是掩蓋在大量資訊之下的，這些資訊很可能是別人給的，或者自己思考出來的，我們對很多東西的判斷其實都被誤導了。

如果你想知道一件事情的真相，或者說真正核心的東西是什麼，就要想辦法去撥開層層迷霧。

很多人與他人溝通時會遇到讓自己困惑的情況，不知道對方說的到底是不是真的。這很正常，大家都是懷著不同的想法和不同的目的去行動的，他人只負責給出他們認為有用、有價值的資訊，但我們並不知道這些資訊是不是真的對自己有用。

這個時候，我們就可以嘗試用結果倒推，想想如果按照他人給的資訊去做，結果會有利於哪一方。

結果很容易就能推出別人給出的資訊到底是來干擾誤導你的，還是真的有價值。還有一種常見情況：他人給出的資訊模稜兩可、似是而非，用看起來自洽的邏輯和客觀的角度講了一番話，實際上背後有他自己的目的。

判斷的方式也是一樣的，採用結果倒推法 —— 看看誰是獲利方？

這種方式經常用於審訊，可以說具備了大量的實際操作和案例支持，確實是一種很有用的思考方式。

拒絕弱者心態

為什麼要跟大家分享這個看起來並不是很日常的思考方式呢？

因為我在進入職場、結婚生子之後，發現大量的女性在一開始就把自己定位為「弱者」。

女性是弱勢群體，確實如此。因為長期處於社會生產活動中不占優勢的一方，自然也就沒有在勞動所得的分配上獲得公平。

哪怕是女明星，也沒有得到與男性同工同酬的待遇。著名好萊塢女星史嘉蕾·喬韓森在採訪時曾被問道：你現在是最賣座的女演員，有什麼感想？她回答：「我很吃驚，我也很驚訝我是前十名中唯一一位女星，這究竟是怎麼回事呢朋友們？」

坎城影后，德國女演員黛安·克魯格（Diane Kruger）也曾表示，自己作為女主角的片酬還沒有男配角高。

我們都知道，女性在職場中付出的勞動並不比男性少，有時甚至承擔得更多。因此我們不是「弱者」，我們是「弱勢」。

那麼如何改變弱勢處境呢？答案是改變弱者心態，去主導，去爭取！

擁有弱者心態的人，會把自己歸為弱勢的那一方，總是希望得到強者的肯定，彷彿只有強者的肯定，才代表自己有價值。

其實並不是這樣的，自己認可自己才是最重要的。

至於其他人的認可是否重要，那就看看這份認可是否會影響到事情的結果。想起我們前面說的結果倒推法了嗎？

如果會影響結果，那麼就去主動溝通，爭取達成共識，如果不會影響到結果，那麼就不必過於糾結。

比如，你的報告不是給同事看的，而是給上司看的，只有上司的認可會影響最終結果，所以不必因同事的評價而感到沮喪。

去掉弱者心態，意味著去掉情緒化、多餘的糾結、尋求關注和認同的心理。逐漸學習更關注結果，以結果為導向，把主動權掌握在自己手裡。

弱者心態還展現在過度共情，這一點恐怕很多女性也深受其擾。周圍的任何風吹草動都會引起自己的情緒波動，以致整個狀態都受到影響。

根本問題在於，女性太容易將自己帶入某事件的弱者角色裡，比如孩子被販賣之後傷心欲絕的母親、在意外中失去雙親的女兒、受到幼稚園老師虐待的孩子……

許多女性花了大量的時間去處理這些突如其來的負面情

緒，跟自己交談，讓自己感受代入之後難以化解的被傷害的情緒。卻無法站起來去為真正受傷害的人做些什麼，哪怕是為自己做些什麼。

在弱者心態的支配下，有些人甚至會認為，自己只配過這樣痛苦的日子，似乎每次生活變好，內心都會惴惴不安，認為自己不會這麼幸運。得到了這樣的好運，一定會在日後以更大的痛苦來償還。

還有一種弱者心態的表現，就是聖母心氾濫。

聽到任何人遭受痛苦都會覺得難過，最終選擇伸出手幫助，卻沒想到反而讓自己陷入泥潭。

事實上，這種盲目的行為是因為內心太害怕自己就是那個弱者，這種巨大的恐懼感，迫使自己不顧一切地去幫助對方，一時失去了理智，也脫離了自己的實際情況，採取了大大超出能力範圍的行動。

基於弱者心態，人會完全忘記我們生而為人，無法主宰一切，許多事都不在我們的可控範圍內，所以不要把時間和精力浪費在你無法控制的事情上。

最終，我希望女性在擺脫弱者心態之後，勇於爭取屬於自己的權利，學會抓住每一個升遷、跳槽的機會。

因為我們值得。

認知彈性

許多長輩都喜歡一切求穩，工作要穩定的「鐵飯碗」，把結婚叫做「穩定下來」，把生兒育女當作「安穩一世」的必要條件。

或許是他們不願承認，因為他們經歷過的人生缺乏安穩，所以才轉而追求極度安穩，以求得內心的安全感。

而在未來，大部分人的這種「求穩」的心態很可能會改變。

事實上我們已經逐漸發現過往的經驗似乎並不完全適用於現在，那些我們認為永遠不變的事物其實也會改變，採用跟以往一致的做法並不一定會產生預期的結果。

相信在 2020 年經歷了疫情，2021 年經歷了產業巨變的人，對此更加能夠感同身受。

如果想追求安全感，就得在結果倒推中不斷嘗試新的方式，並且將這種嘗試變為習慣。

能夠具備接納和運用這種常態化的最核心的能力，被人稱為認知彈性理論。

採用結果倒推法時，會有很多條路通向它，然而外部環境一直在變化，我們不得不試著去找到最符合當下情況的一條路，很可能還會在這個過程中遇到新的考驗，畢竟不是所有路都暢通無阻。

認知彈性中包含對失敗的接納能力、對新事物的接受速度、對突發情況的處理等幾個方面。

許多研究已經發現了認知彈性的正面作用，並越來越重視它在各方面的影響。一項對 6 ～ 8 歲兒童的研究發現：高認知彈性是最能夠預測閱讀和學習效果的特質。

一項針對職場人的研究發現：成功的企業家的智力並不比普通經理人高，但他們往往具備更高的認知彈性。

一些研究調查表明：高認知彈性有助於我們發現自己的錯誤並改正，改正的同時得出更全面的思考結果。

另外，認知彈性也被 ACT（接納與承諾療法）所引入，成為其中非常重要的組成部分。

那麼，我們要做些什麼，才能讓認知彈性成為結果倒推中有效的路徑模式呢？

每個人都有自己的一套非常嫻熟的思考模式，久而久之，就成了我們的「下意識」或「第一反應」，遇到事情就會把這一套拿出來應對。

如果想要靈活，這樣一成不變肯定是不行的。

我們可以嘗試採用非自己第一選項的思維模式或做法去應對一些事件。然後抽離出來觀察一下自己以及事件的結果如何。用結果倒推法看看，具體做得好不好？行不行？

如果你日常愛說話，那就試試閉上嘴巴多聽一聽。

如果你平時的思考方式很感性，那就換成理性的思考方式試一試。

如果你很在意一件事「有沒有用」，則可以試著想一想它「好不好」。當一個人從自己的日常生活裡跳出來，往往會有超出預期的收穫。

我們到底為什麼要鍛鍊自己的認知彈性呢？

如果說條條大路通羅馬，那麼結果倒推讓我們能夠快速找到跟自己連線得最快最好的那條路，而認知彈性則幫我們拓展新的道路。

認知彈性讓我們一方面在方式方法上物盡其用，一方面跳出既有模式去嘗試。使我們透過自己的努力去慢慢提高效率，產生更全面的認知，並在這個過程中把結果變成另一個更深入的目標。

說到這裡，我想起曾經很多人把女人比作水。這個形容恰好佐證了女性對環境的適應能力以及本性中對他人的包容。

站在認知彈性的角度上看，人確實應該像水一樣。不管是水、冰、霧、露，在地下、在河中、在杯裡，水的化學式都是 H2O，它的核心是不變的，但它會根據環境的變化改變自己的形態。

關於這一點，我想許多女性在實際生活中也應該很有發言權。

我要結果

很多女性感到在家裡被束縛住了手腳，因為很多人發出這樣一種聲音：「家不是講理的地方。」

但家是會看結果的地方。家事做與不做，結果很明顯。地板拖了沒有？衣服洗了沒有？孩子的疫苗打了沒有？回家作業輔導得如何？

諸如此類的事，裝看不見也無濟於事，生活並不會因為你裝傻而對你網開一面。媽媽在家裡要養成強者心態——「這個家我說了算！」同時也要學會適當放手，除了過程，也要注重結果。

可能很多媽媽都有這樣的體會——育兒時獎勵與結果並行，效果立竿見影。可真正的難題不是育兒，而是處理家庭事務和家庭關係。

要知道亞洲家庭矛盾的核心大多源自「不是東風壓倒西風，就是西風壓倒東風」式的權力鬥爭。

權力鬥爭為何源源不斷？原因就在少數人付出，而成果卻被大家共享。

一些小小的家庭矛盾，投射出的是一個家庭整體教育的失職，世俗觀念裡女性「融入」的夫家到底是個什麼樣子，在戀愛時期恐怕很難窺探一二。只有在結婚生子後面臨家庭勞動力的缺乏時，才猛然發現：原來自己一切的艱難，都源自整個家庭的權力鬥爭。

而這個時候，恰恰是勇敢站出來「要結果」、「談合作」的最好時機。在結果倒推的過程中，我們會明確分工。家庭成員如果想要朝著共同的目標前進，一定要拿出合作的態度而非爭奪的架勢。

女性長久以來被教育要謙虛、平和，要學會隱藏鋒芒。然而我們並不在乎是否「溫柔」，我們對權力無感，但我們需要結果，因為結果才是我們所追求的最終目的。

事實上，在人際關係中實際掌握權力的永遠都是所謂的配合者，配合者的退出會導致整個關係的坍塌破裂，這也是為什麼很多離婚案件中，由女性提出的離婚大多覆水難收。

家庭也是一種職場，女性是主要投資人，誰能成為合夥人，取決於他們是否能夠拿出資本投入，而不是反過來替主要投資人打分。

不同於從前「女性服務於家庭」這樣的論調，我倒是支持媽媽們將自己的位置「擺正」—— 女性才是家庭關係的核心連線人。

瑪麗．居禮（Marie Curie）、珍．奧斯丁（Jane Austen）、馬拉拉（Malala Yousafzai）、金斯伯格（Ruth Bader Ginsburg）……眾多傑出女性讓大眾看到了女性的優秀。

直播、粉絲專頁、短影片、美妝……新興的領域讓更多的女性有了展現自我與實現自我的機會。這是一個女性的時代，邏輯思維的 CEO 脫不花說：「不要辜負這個時代給女性的機會。」

時代在發展，一切並沒有那麼容易。

職場上的同工同酬任重道遠，家庭勞動上的「同工同酬」也是如此。

在今天這個時代，女性不應該再過分犧牲自己，無論是家庭還是職場。任何事情都有依靠多方努力的解決方案，無須以犧牲女性的自我發展為前提。

如果有家人需要你做出這樣的犧牲，說明對他來說你沒那麼重要，他要的只是一個工具人。工具人的可替代性太高了，沒有人會對「工具」產生深刻的愛意與支持。

同理，我們的孩子也並不需要一個工具人媽媽。無論是男孩還是女孩，在他們漫長的一生中，他們需要的是一個有趣、聰明、擁有自我的母親，只有這樣的母親才能成為好榜樣，引導他們健康成長。

甚至在我們離開人世之後，他們仍然需要心目中那個很酷、很有力量的母親，作為他們一生中的力量泉源。

反之，一個處處「窮養」自己，把自己放在工具人位置的媽媽，怎麼可能成為這樣的引導者呢？

第十九章
今天的妳造就未來的他

生育後的頭幾年，我經常陷入失眠的困擾中，在深夜輾轉反側時，我會把臉靠在禮物的後背或者肩頭，感受他均勻的呼吸、溫熱的氣息，我也能從中汲取一些力量。

獨自養育禮物的這幾年，是我此生最辛苦、最難熬的幾年，但他長大了，會捧著我的臉說：「媽媽，我愛你。」

曾經害怕生孩子的我，卻不後悔生了他。

是他教會了我全心全意、毫無保留地愛一個人，去付出，去辛勞，去承擔。

是他教會了我用更直白的方式表達自己的內心，比如每天說「我愛你」，比如直接說「我很不開心」，比如要求他「你現在抱著媽媽吧，不然我的心情會很不好」。

是他讓我意識到原來我對自己是如此苛刻，內心原來有這麼多需要填補的地方，在過去的期待中充滿了假象和飄忽不定的憧憬。

這些在童年沒學會的，跟隨著他的成長，我又學習了一遍。

現在的我確信，我們的孩子啊，是一個掏心掏肺愛著我們、能時刻回應我們、從不恥笑我們的天使！

而這個與我們同行的小夥伴，有一天也會超越我們，也會在某個岔路口與我們揮手道別。

我一直期望著，在我們共度的時光裡，能夠將我的未來嵌進他的現在，將我的現在融入他的未來。

因為這是我作為母親，用人格與經歷「富養」他的最好證明。

我們的過去

「原生家庭」，一個讓部分人感到疼痛並且絕望的字眼。

在《蛤蟆先生去看心理師》(*Counselling for Toads: A Psychological Adventure*)這本書中，蛤蟆得了心理疾病，在求醫的過程中遇到了蒼鷺，蒼鷺用一個很殘酷的比喻解釋了父母和子女的關係。

三口之家被比喻為一個很小的星球上只住著三個人：你(蛤蟆)和其他兩個人(父母)。那兩個人高高大大，許多的事情你都得依賴他們，不僅是日常生活中的吃喝拉撒，還包括情感。他們通常都對你很好，但有些時候，他們會對你生氣，這讓你感到害怕和不快。他們是那麼的高大有力，常常使你感到很無助。

現代心理學大量普及應用之後，人與自己的父母組建的「原生家庭」作為其中一個被頻繁提及的心理學名詞，被廣泛地應用到各類場景當中。

一個人兒時和父母的關係模式、在養育過程遭到的對待、年少時形成的對世界的認知、「歸因方式」和感受事物的「情緒反應方式」，會內化到我們的三觀中。

比如兒時父母特別嚴厲的孩子，長大後會無意識地時常責怪自己，進而對他人也提出高標準嚴要求；兒時經歷父母爭吵暴力的孩子，如果當時歸因為「爸爸或媽媽是壞人」，長大後則很難恰當地處理親密關係中的衝突；兒時若常常被忽視甚至虐待，成年後會特別在意外界的評價和反應；兒時被溺愛的孩子，成年後往往會變得自戀、習慣索取。

很多人的一生是不敢回頭看的，不敢了解自己的家庭，不敢了解自己內心的真實情感，因為這需要經歷痛苦。對於原生家庭不幸福的人而言，改善潛意識是一個漫長且艱難的過程，需要極大的毅力。

當年的那個小孩面對被忽視、被否定，尊嚴被傷害、情感連線斷裂，甚至被拋棄時，他無力反抗，只能啟動防禦機制，隔離一切傷痛，好讓自己繼續生存下去，不被痛苦淹沒。

唯有我們察覺並接納人生初期的原始觀念對當下的行為和反應方式的影響，並且有足夠的意願化解和改變，心智才會得以成長，人格能更加健康完整。

如果你不幸在糟糕的原生家庭中成長，童年時期遭受過來自父母的忽視與控制，言語上的抨擊，甚至是暴力行為，長大後如實客觀地看待自己曾經的經歷，也是解放自己的一種方式，把自己從痛苦中解救出來。

你不妨這樣想，「父母有他們的局限性，不管出於何種原因，我確實受到了委屈和傷害，並不是我的錯」，多給自己一些理解和安慰。

然而有時候我們做了很多努力，鼓起勇氣，不過是為了得到來自家庭的認可和支持。當意識到這一點的時候，痛苦也隨之出現，這時我們更要學會開解自己。

首先，有這種想法是完全正常的，不用因為有這樣的心理渴望感到羞愧。

其次，我們已經是成年人了，現在再討論對錯是毫無意義的，有的路要靠你自己走出來。

很多人將自己的不順全部歸咎於父母。殊不知原生家庭這個觀點被提出，是為了讓我們每個人去追溯本源，目的是去解決問題，而不是推卸責任、逃避問題。

最後，如果你的痛苦已經從「找到造成自己痛苦的根源」變成了「可我沒辦法原諒父母」，我的答案是：如果無法原諒，那就不原諒。

你之所以痛苦，是因為一邊遭受著原生家庭帶來的傷害，一邊因為「無法和解」而深感自責。

「和解」的發生不是必然的，它或許很快就來，或許來得很慢，也可能永遠都不會來，誰也無法保證。但至少現階段，沒必要強迫自己墜入新的自責情緒中。

今天的妳

過去幾年裡，不管是歐美的「Me too」運動，還是華人娛樂圈的男明星一個又一個爆出失德新聞，幾乎每一次在網路上都會引發大量的討論。

人們開始敏銳地意識到，不存在完美的人，也不存在「一個願打一個願挨」的情形，更沒有什麼「蒼蠅不叮無縫的蛋」，事實就是事實，一個又一個女性勇敢地揭露了光環之下的自己究竟過著怎樣辛勞的生活。

有關生育、家務勞動、PUA 和精神虐待等問題的討論，改變了很多人對這些問題的認知，是非常了不起的進步。

從前的女性經常會感到困惑，雖然男女說的是同一種語言，生活也大同小異，可為什麼女性講出來的話，不能獲得深入的認同和理解呢。這是源於長久以來整個社會對女性議題、家庭議題分裂的認知與偷換概念導致的邏輯不順暢，連女性本人都無法理解這一切為何會如此艱難。

然而現在不一樣了，我們能聽懂「她」在講什麼，也能理解「她」的經歷。

這並不是一件容易的事，即便同為女性，我們也需要非常努力，才能突破男權社會的種種規訓和障眼法，真正理解自己和其他女性的處境，在實際生活和自己的人生中，將這樣的力量轉換為對自我的追尋和認同。

另一方面，許多社會勞動從體力工作變成了腦力勞動，網路的科技變革又進一步將大量的腦力勞動推動為「結網能力」。

如果說以前社會所倡導與職場規則中提出的最多的是「尊重女性」、「男女平等」等話題，那麼隨著結網能力逐漸成為各種組織的核心，真正屬於女性的時代正在到來。近 100 多年來，社會被女性覺醒的浪潮所席捲，而我們都是這股力量中的受益者。因為這些巨大的變革，我們的人生也在經歷變化。

2016 年，我還是一個不得其法的新手媽媽，而當我經歷了痛苦、掙扎、醒悟、自救等一系列的心理歷程，經歷了創業、辭職、寫作等一系列的職業轉變，又經歷了結婚、生子、育兒、離婚等一系列的人生選擇之後，我可以在 2021 年的年末，坐在電腦前和大家愉快地分享一個普通女性的成長和變化。

而現在的我也擁有了全新的屬於自己的生活，對自己充滿了信心，不再試圖依附或期待其他人。

有人曾寫過一段話：

完全不必苛責自己在婚姻中不夠妥協、不夠忍讓。我們結婚之前已有完整的個性，如果不是變本加厲刁難他人，就沒什麼可檢討自己的。尤其是，如果我們的個性成就了我們自己，能不能成就婚姻真的是隨緣 —— 人生中的變數實在太多，我們可以盡力而為，但也真不用逼自己逆天改命。

當今社會，最成功的女性，不是在很年輕的時候就火眼金睛為自己挑中一個完美老公，生下完美子女，過掉完美的一生（不是說這樣不好，而是想要達成這樣開了外掛、分毫不出錯的順遂程度，簡直難於登天。大部分人不過是咬牙強撐，自欺欺人）。而是，不管我曾經做出過怎樣的選擇，都沒有耽誤我為自己努力，讓自己越過越好。

不管透過何種方式，只要努力對了方向，生活最終會讓我們成為我們想成為的人。若沒有天生好命，就只能自我修行。過程冷暖自知，它像一座山隱匿在濃濃的白霧中，沒到萬丈金光時，總不見真身，但它終歸在那裡，替這一片水鎮住波瀾與暗湧。

未來的他

「人皆養子望聰明，我被聰明誤一生。唯願孩兒愚且魯，無災無難到公卿。」蘇軾的這首詩，當初讀不懂，現在再看，才知其中深情。

誰不願自己的孩子是個天生命好、快樂無憂的人呢？

但我知道，這實在太難了。每當我將禮物逐漸長大的小手小腳握在手裡丈量，都會忍不住地想：「他會長成一個什麼樣的大人呢？」

是馳騁球場、揮汗如雨的運動男孩，還是內向害羞、羞於表達的小小少年？我無法確定他的模樣。

但能夠明確的是，我希望他成為一個普通人。

他可能成就不大，也沒什麼可拿出來炫耀的能力，從普通的學校畢業，做一份普通的工作。也許真的像他 4 歲時暢想的那樣去駕駛挖掘機蓋房子，只要這的確是能讓他感到愉快的工作。

普通，卻擁有著珍貴的品格。擁有自洽、獨立的內心，對知識充滿好奇和渴望，能夠尊重生命、愛護自己在意的人，願意在自己熱愛的領域去付出，不怕嘗試、不怕失敗，具備在灰暗中忍受低落的能力，也能夠站起來面對慘淡。

可能他一輩子都無法體會做一個母親的心情——那麼焦灼、那麼迫切、那麼痛苦，卻又充滿了愛。如果他有幸成為一個嬰孩的父親，我希望他可以將成為父親的欣喜付諸行動，也能將成為丈夫的愛意化為實實在在的支持。用他精力旺盛的雄性基因去為愛人、孩子做該做的事，讓孩子的媽媽不再因為生兒育兒感到孤獨和痛苦。

力量雖小，卻也是實實在在地邁出了改變的一步。既普通又不普通。在我和禮物相互陪伴的近 6 年中，我們在同步成長。我的孩子，他既莽撞又謹慎，既隨和又倔強，既敏感又粗線條。

說實話，在這 6 年的養育過程中，我 75%的時間是在糾結與擔心中度過的，20%的時間是快樂的，還有 5%的時間是在生氣。

我總是糾結怎樣才能將孩子養育得更好，總是擔心自己做得不夠好。禮物長大後如果看到這段內容，會不會覺得快樂怎麼如此少？

如果孩子們知道媽媽在沒有成為媽媽之前，曾經是多麼瀟灑不羈、自由自在，也許就能理解 20%這個比重所包含的意義，人生原本就沒有那麼多快樂。

我的孩子，我要謝謝你對我 100%的愛，也謝謝你 100%的陪伴，更謝謝你 100%的信賴。

你就像一個天使。當你逐漸長大，褪去身上的翅膀，步入社會時，我希望那雙翅膀還能長在你心裡，使你永遠勇敢、真實、自信、達觀。

也許你會格格不入，也許你會感到孤獨，也許你會承受著難以言喻的艱難。

也許你原本 100%的感情會在困境中被慢慢消磨，你會懷疑世界，懷疑自我，懷疑一切，然後感到毫無力量，感到沮喪與失敗。

我的孩子啊，只要你回過頭，就能看到我在注視著你。

你會想起 100%真的存在過，而這是你堅持走下去的理由。

各位媽媽們，我們要在自己命運的象限區間裡努力，把自己置於廣闊之地，從狹小的安全範圍裡走出來，不再羈絆於情情愛愛，不再為了一丁點利益勾心鬥角。

當我們懂得銳意進取，不找藉口，不再懶惰時，好的結果自然會來，一切也會跟著舒展開來。

時間對於每個人都是公平的。如果在你眼中，一個人非常出色、非常優秀，那是因為他把時間和精力用在了你所看到的這個領域。

而你經歷的時間也並非虛度，你必定也把時間投入在某些領域，在這些領域中，你一定也有值得別人佩服和驚嘆的經驗。也許目前的你只是暫時還沒有找到一個好的方式，去展現你在這些領域的才華而已。

讓我們積極地拓展自己的眼界和圈子，不斷地累積自己的經驗，了解他人的生活模式和需求，將自己與世界的交融與探索作為基石，努力成為一個更加睿智、更加成熟的人。

不是用匱乏的物質對待自己的人，不是用貧乏的精神應付內心的人，也不是某個消費 VIP 或某個職位上的社畜，更不是某某人的妻子、某某人的女兒、某某孩子的媽媽，而是一位多面、立體、豐富的成年人。最重要的，是成為你自己。

不管「富養」還是「窮養」，都只是方式的一種，始終圍繞著方法論進行。這世界上的方法有很多，核心卻是不變的。

在當媽媽的這條路上，我們需要先成為一個自洽、自強的人，然後才能帶領孩子走上一條更富足、更自由的路。

自由是人類的終極追求，這是我們作為高級生物刻進基因中的渴望。這條路上恰好有你，有我，有孩子們。

執著於理想，純粹於當下。

我始終相信，命運不會虧待善良努力的人，不會虧待艱難生活中埋頭耕作的眾生，亦不會虧待迎難而上、不離不棄的普通人。

養育孩子是一場自我修行，且讓我們先從養育自己開始。

電子書購買

爽讀 APP

國家圖書館出版品預行編目資料

自己過得好，孩子才更幸福，新時代媽媽的育兒法則：拒絕傳統束縛，逃離刻板印象！別把對孩子的母愛變成自己的阻礙 / 吳騏 著 . -- 第一版 . -- 臺北市 : 樂律文化事業有限公司 , 2025.01
面；　公分
POD 版
ISBN 978-626-7644-11-9(平裝)
1.CST: 育兒 2.CST: 母親 3.CST: 親子關係 4.CST: 子女教育
428.8　　　113019740

自己過得好，孩子才更幸福，新時代媽媽的育兒法則：拒絕傳統束縛，逃離刻板印象！別把對孩子的母愛變成自己的阻礙

臉書

作　　者：吳騏
責任編輯：高惠娟
發 行 人：黃振庭
出 版 者：樂律文化事業有限公司
發 行 者：崧博出版事業有限公司
E-mail：sonbookservice@gmail.com
粉 絲 頁：https://www.facebook.com/sonbookss/
網　　址：https://sonbook.net/
地　　址：台北市中正區重慶南路一段 61 號 8 樓
8F., No.61, Sec. 1, Chongqing S. Rd., Zhongzheng Dist., Taipei City 100, Taiwan
電　　話：(02) 2370-3310　　　**傳　　真**：(02) 2388-1990
律師顧問：廣華律師事務所 張珮琦律師
定　　價：350 元
發行日期：2025 年 01 月第一版
◎本書以 POD 印製
Design Assets from Freepik.com